U0365995

民航装载与配平

李旭 陈琳 蒋思源◎编著

CIVIL AVIATION AIRCRAFTS WEIGHT AND BALANCE

清华大学出版社
北京

图书在版编目(CIP)数据

民航装载与配平/李旭,陈琳,蒋思源编著.—北京:清华大学出版社,2023.1
ISBN 978-7-302-62050-1

Ⅰ.①民… Ⅱ.①李…②陈…③蒋… Ⅲ.①民用航空－载荷分布 Ⅳ.①V215.5

中国版本图书馆 CIP 数据核字(2022)第 193729 号

责任编辑:梁云慈
封面设计:汉风唐韵
责任校对:宋玉莲
责任印制:沈 露

出版发行:清华大学出版社
    网   址: http://www.tup.com.cn,http://www.wqbook.com
    地   址: 北京清华大学学研大厦 A 座   **邮   编:** 100084
    社 总 机: 010-83470000   **邮   购:** 010-62786544
    投稿与读者服务: 010-62776969,c-service@tup.tsinghua.edu.cn
    质量反馈: 010-62772015,zhiliang@tup.tsinghua.edu.cn
印 装 者: 北京国马印刷厂
经   销: 全国新华书店
开   本: 185mm×260mm   **印   张:** 13.75   **字   数:** 219 千字
版   次: 2023 年 1 月第 1 版   **印   次:** 2023 年 1 月第 1 次印刷
定   价: 45.00 元

产品编号:093996-01

前　言

安全是民航业永恒的主题,而在安全的基础上追求效益是民航业优质高效发展的基础,飞机是航空公司的运输工具,要在保证飞行安全的前提下,最大限度地利用飞机的载运能力,提高航空公司的运营效益。装载平衡工作是实现这一要求的关键环节,是商务运输与飞行的衔接环节。

装载平衡工作主要是科学有效地控制好飞机的载量,确保飞机载量的"最优化",合理分配装载,控制飞机的重心,提高民航运输企业的运营效益。第一,确保飞机上承载的业载总重量不超过飞机的最大业务载重量,飞机的起飞重量、着陆重量、无油重量等均不超过规定的最大重量。第二,通过合理地分配旅客的座位、货物的舱位来有效控制飞机的重心位置,使飞机的重心处于适当的范围之内,即保证飞机的重心在任意时刻不得超出允许的范围。装载平衡工作是飞机正常运营的基础,如果完成不当,将直接危及飞行安全,例如造成飞机起飞时擦尾、结构损伤、颠覆和损伤跑道等事故,另外,也会导致飞机飞行的阻力增加、油耗增加等问题,直接关系到航空公司的运输效益。

因此,装载平衡人员不仅要做到对每种机型的座位布局、货舱布局、飞机性能了如指掌,会填写舱单,更要清楚配载平衡的方法原理,提高理论认识深度与应变能力。目前,国内开设民航运输、民航管理等相关专业的院校一般都将民航装载与平衡作为一门必修的专业课程。本书围绕装载平衡工作岗位的特点,紧密结合当前装载平衡岗位的实际操作,系统分析和介绍了民航装载平衡的基本概念、基本知识和基本技能。

全书共分为10章,介绍了飞机发展史、飞机的基本结构、飞行原理与飞行性能、飞机的重量、重心与平衡、载重平衡图表的制作原理及填制、货运装载、业务电报、离港系统等。

本书的编写力求结构合理,理论性和实用性并重,使读者不仅能从中学习到相应的民航装载与平衡的操作技能,而且能掌握相应的工作原理,学习到更广泛的民航知识。本书既可作为民航运输、民航管理等相关专业的教材,亦可作为民航企业的培训教材。

本书在编写过程中参考了航空概论的相关教材、飞机载重平衡手册和相关飞机载重平衡的著作,并得到中国国际航空股份有限公司运行控制中心性能配载室张鹏、天津航空运控中心李莉和西北国际货运航空有限公司龚铁的指导与支持,在此一并表示感谢。

本书第3、第6、第7、第9章由李旭编写,第1、第8、第10章由陈琳编写,第2、第4、第5章由蒋思源编写,天津市宝坻中等专业学校的张震参与了第6章的编写。陈琳负责全书的统稿和校对。国航运控中心的米永胜、邓豪参与了文献资料查找、校对等工作。

中国民航现在使用的飞机大部分都是西方国家制造的,这些飞机的各种手册中大量使用的是英尺(ft)、磅(lb)、海里(n mile)、节(knot)等英制单位。中国民航各航空公司在实际工作中要使用这些手册,因此,不可避免地要用到英制单位,或者是公制、英制单位混用。本书是面向实际应用的教材,书中引用了很多飞机使用手册中的图表,为了方便读者学习和工作中实际应用,本书使用了公制和英制两种单位。

由于编者水平有限,教材中难免错漏之处,敬请广大专家和读者给予批评指正。

编　者

2022 年 5 月

目 录

第 1 章

飞机的发展及机体结构

　　航空器是航空活动的载体,飞机是最主要的航空器,它的诞生正式宣告了人类进入航空时代。本章主要介绍航空器的发展历史和航空器的分类,特别是飞机的分类、主要飞机制造厂商以及飞机结构等相关知识。

1.1　航空器和飞机

1.1.1　航空器的诞生和发展

　　人类的飞行梦想从远古就开始了,在这些梦想中,把飞行作为旅行方式始终是重要的组成部分。早在中国西汉时期,就曾有人用鸟的羽毛制成翅膀绑在身上,从高台上跳下并滑翔了几百步。公元 13 世纪,旅行家马可·波罗在游历中国的时候,曾亲眼看到有人乘着风筝在空中飞行。人类真正飞上天开始于 1783 年法国蒙哥尔菲兄弟(J. M. Montgolfier,J. E. Montgolfier)制造的热气球载人升空,随后德国人开始用气球运送邮件和乘客,这是民用航空的开始。1852 年在法国出现了人可以操纵的有动力的航空器——飞艇。

　　航空业真正开始发展是在飞机这种重于空气的航空器出现以后。实际上,重于空气的航空器设想比轻于空气的航空器设想出现得还要早。19 世纪中叶,英国科学家凯利(G. Cayley)和德国科学家李林塔尔(O. Lilienthal)对滑翔机做了大量的研究和实践,李林塔尔为此献出了生命,他和其他一些科学家在空气动力理论、飞机构造的研究和操纵实践方面的贡献为飞机的出现奠定了基础。1903 年,美国的莱特兄弟制造的飞机在北卡罗来纳州腾空而起,尽管只在空中停留了将近 1min,但这被认为是航空新纪元的开始,飞机从此诞生了。

　　飞机诞生的最初 10 年,主要是发展和研究阶段。1909 年,法国人布莱里奥(Louis Bleriot)成功飞过了 40km 宽的英吉利海峡,开创了历史上第一次国际航行。1914—1918 年的第一次世界大战极大地推动了航空技术的发展。1919 年年初,德国首先开始了国内的民航运输。同年 8 月,英、法开通了定期的空中客运,民用航空的历史正式揭开了。1919—1939 年这 20 年是民用航空初创并发展的年代,民用航空迅速从欧洲发展到北美,然后普及到亚、非、南美各洲,并迅速扩展到全球各地。1933 年,美国人林白(C. A. Lindberg)横越大西洋的飞行成功,把航空由洲内飞行扩展到了洲际飞行。这个年代最具代表性的民航客机是美国的 DC-3,可载客 30 人,航程 2 420km,飞行速度 290km/h。

　　1939 年,喷气式飞机在德国首次出现。1950 年,世界上第一架涡轮螺旋桨喷气客机——“子爵号”投入使用。1952 年,装配四发涡轮喷气发动机的英国“彗星号”客机在航线上开始使用。随后的两年内,“彗星号”连续三次空中解体,这使喷气式飞机在民航应用上受到了挫折,但喷气式飞机的优越性已经显现出来。在吸取了“彗星号”失败的教训后,人们终于找到了导致“彗星号”失事的原因,并研究出解决的方案。1956 年,苏联的图-104 投入航线。1958 年,美国波音公司的 B707 和道格拉斯公司的 DC-8 进入航线,开启了航空的喷气时代。作为喷气式飞机的代表机型,B707 的最大巡航速度可达 900～1 000km/h,航程可达 12 000km,载客 158 人。喷气发动机的重量轻、功率大,可以使飞机造得更大,飞得更快、更远,这为民用航空大发展提供了技术手段。民用喷气式飞机于 1956 年投入服务,民用航空开始进入一个新的阶段。

　　随着世界经济全球一体化的发展,人类经济活动方式产生了重大变化,也带动了民用航空器市场的多样化。1969 年年底,英、法合制的超音速客机——“协和号”投入航线运营,标志着民用航空器开始朝着高速度方向发展。

1.1.2　航空器分类

　　航空器根据获得升力方式的不同分为两大类。一类是本身轻于空气,依靠空气的浮力而飘浮于空中的航空器,称为轻于空气的航空器,这一类按照有无动力控制飞行方向分为飞艇和气球。另一类航空器则是本身重于空气,依靠自身与空气之间的相对运动所产生的空气动力来克服重力而升空,也可以分为非动力驱动和动力驱动两类,但是比较常见的分类方式是按照机翼的形状和安装方式分,分为固定翼航空器、扑翼机、旋翼航空器和倾转旋翼机。按升力方式的航空器分类见图1-1。

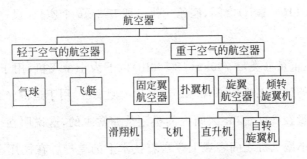

图 1-1　按升力方式的航空器分类

其中飞机是最主要的航空器,它的诞生正式宣告了人类进入航空时代。飞机的特征是带有动力驱动并具有固定机翼,因而有的分类中也把飞机称为固定翼航空器。自从飞机出现以来,人类的航空事业大幅度前进。民用航空器虽然种类很多,但飞机的数量占到98%以上。

按航程的远近分类,飞机分为远程飞机、中程飞机和短程飞机。国际上通常的标准是,航程在3 000km以下为短程客机,3 000～8 000km为中程客机,8 000km以上为远程客机。由于这个界定并不明确,有时把航程在5 000km以内的飞机称为中短程客机,5 000km以上的飞机称为中远程客机。一般来说,飞机航程越远,起飞重量越大,其设备也越先进。

按发动机类型来划分,飞机可以分为活塞式飞机和涡轮式飞机。1958年以前,航线上主要使用的是活塞式飞机。1958年以后,喷气式飞机大批量投入使用,而活塞式飞机由于速度慢、效益低,目前只在短航程和飞行训练飞机上使用。涡轮式发动机又可以分为涡轮喷气式、涡轮风扇式和涡轮螺旋桨式。按发动机类型的飞机分类参见图1-2。

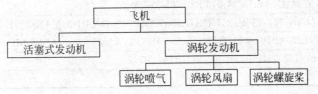

图 1-2　按发动机类型的飞机分类

按机身宽度分类,飞机分为宽体客机和窄体客机。目前宽体客机机身直径在3.75m 以上,一般外直径 5~6m(16~20ft),座舱通常有多个舱位等级,并且有两条走道,通常一排能够容纳 7~10 个座位。窄体飞机的机身直径在 3.75m 以下,一般外直径在 3~4m(10~13ft)之间,座舱一排一般有 2~6 个座位,设一条走道,亦被称为单通道飞机。

按最大起飞重量分类,5 700kg(12 500lb)以下为小型飞机,用于通用航空(包括一些 20 人以下的载客飞机);5 700kg 以上为大型飞机,用于运输经营。在民航飞机中,最大起飞重量在 5.7~20t 区间内的机型是非常少的,这说明在飞机设计和制造中,大型飞机和小型飞机之间客观上存在着技术上的差异。在民用飞机的设计和制造要求上,对大型飞机和小型飞机的要求有很大不同,各国的民航当局都有不同的规定,大型飞机在中国民航规章中为 CCAR-25 部,而小型飞机则为 CCAR-23 部。

按尾流间隔分类,飞机分为重型飞机[最大起飞重量在 136 000kg(含)以上]、中型飞机[最大起飞重量在 7 000kg(含)以上,136 000kg 以下]和轻型飞机(最大起飞重量在 7 000kg 以下)三类。前后起飞离场的航空器按照重型机、中型机和轻型机的不同类型配备尾流间隔。

按进近类别分类,即:以批准的飞机最大着陆重量、着陆形态下,失速速度的1.3 倍,飞机分为 A、B、C、D、E 五类。A 类的指示空速小于 169km/h;B 类的指示空速 169km/h 或以上但小于 224km/h;C 类的指示空速 224km/h 或以上但小于261km/h;D 类的指示空速 261km/h 或以上但小于 307km/h;E 类的指示空速 307km/h或以上但小于 391km/h。机场在制定起降最低天气标准和进行飞行程序设计时需要用到此种飞机分类。

按照 ICAO(国际民航组织)的规定,我国常见的民用航空器的分类见表 1-1。

表 1-1 民用航空器分类

类别	机 型
A	Y-5,Y-12,Y-11,IL-14,DCH-6,TB20,TB200,Y-10
B	AN-24,Y-7,AN-30,ATR-72,KINGAIR,SAAB340,DASH-8,YAK-42,B-727
C	B707,B737,B757,B767-200,A310,A320,MD-82,A300,A330,A340,MD-80,MD-90,A350
D	B747-400,B747-200,IL-62,B767-300,B787,B777
E	

1.1.3 主要飞机制造厂商

波音公司是全球航空航天业的领袖公司,著名的民用飞机和军用飞机制造商之一,成立于 1916 年 7 月 15 日,由威廉·爱德华·波音创建。20 世纪 60 年代以后,波音公司的主要业务由军用飞机转向民用飞机。1957 年,在 KC-135 空中加油机的基础上研制成功的 B707 是该公司的首架喷气式民用客机,共获得上千架的订单。此后波音公司生产了 B717、B727、B737、B747、B757、B767、B777、B787 等一系列型号,逐步确立了全球主要商用飞机制造商的地位。其中,B737 是在全世界被广泛使用的中短程窄体民航客机。1970 年,B747 宽体客机投入航线。这是民用客机大型化的一个重要标志。B747 一经问世就长期占据了世界最大的远程宽体民航客机的头把交椅,直到 2007 年才被 A380 取代。1995 年,全球最大的双引擎宽体客机 B777 飞机投入运营,B777 具有座舱布局灵活、航程范围大以及不同型号能满足不断变化的市场需求的特点。2009 年 12 月 15 日,波音公司推出的全新机型 B787 实现首飞,该机型大量采用了先进复合材料,可实现超低燃料消耗、较低的污染排放,并打造高效益及舒适的客舱环境。

空中客车(Airbus,简称"空客")公司是欧洲的一家飞机制造、研发公司,1970 年 12 月成立于法国。A300 是空客公司研制的世界上第一架双发动机宽体客机,亦是空客公司第一款投产的客机(1972 年)。1978 年 7 月,空客公司开始研制 200 座级中短程双通道宽体客机 A310,首架原型机于 1982 年 4 月 3 日进行首飞。1988 年,单通道双发中短程 150 座级客机 A320 系列飞机开始投入运营,这是第一款使用数字电传操纵飞行控制系统的商用飞机,也是第一款放宽静稳定度设计的民航客机。A320 系列的成功打破了美国垄断客机市场的局面,也奠定了空客公司在民航客机市场中的地位。1987 年 4 月,空客公司将 A330 和 A340 两个型号作为一个计划同时上马,两种机型有很大的共同性,有 85% 的零部件可以互相通用,采用相似的机身结构,只是长度不同。A350 是空客新世代中大型中至超长程宽体客机系列,以取代 A330、A340 系列机种,是在空客 A330 的基础上进行改进的,主要是为了增加航程和降低运营成本,同时也是为了与全新设计的波音 787 进行竞争。

新舟 60 飞机(英文名称 Modern Ark60,英文缩写为"MA60")是中国航空工业

第一集团公司下属西安飞机工业（集团）公司在运-7 运输机的基础上研制、生产的
50～60 座级双涡轮螺旋桨支线飞机。新舟 60 飞机是中国首次按照与国际标准接轨
的中国民航适航条例 CCAR-25 部进行设计、生产和试飞验证的飞机，在安全性、舒
适性、维护性等方面达到或接近世界同类飞机的水平。新舟 60 飞机价格为国外同类
飞机的 2/3，直接使用成本比国外同类飞机低 10%～20%。新舟 60 的改进机型新舟
600 于 2008 年首飞。

ARJ21 是中航商用飞机有限公司研制的双发动机支线客机，ARJ21 是英文名称
"Advanced Regional Jet for the 21st Century"的缩写，意为 21 世纪新一代支线喷气
式客机。ARJ21 通过公开征集中文名字而得名"翔凤"。ARJ21 飞机是 70～90 座级
的中、短航程涡扇发动机支线客机，拥有基本型、加长型、货机和公务机四种容量不
同的机型。ARJ21 飞机是中国第一次完全自主设计并制造的支线客机，采用"异地
设计、异地制造"的全新运作机制和管理模式。ARJ21 飞机项目于 2002 年 4 月正式
立项，2002 年 9 月，新成立的中航商用飞机有限公司负责运作 ARJ21 项目。起初该
机型由中航商用飞机有限公司工程部总体设计。2003 年转由中国一航第一飞机设
计研究院负责初步设计和详细设计工作，2003 年 12 月 ARJ21-700 分别在成都、沈
阳、西安和上海四家工厂同时开工进行零件制造。2007 年 12 月 21 日 ARJ21-700 在
上海飞机制造厂总装下线。2008 年 11 月 28 日首架 ARJ21-700 飞机在上海飞机制
造厂试飞，首次飞行 62 分钟后降落，取得成功。

"大型飞机"重大专项是党中央、国务院建设创新型国家，提高我国自主创新能
力和增强国家核心竞争力的重大战略决策，是《国家中长期科学与技术发展规划纲
要（2006—2020）》确定的 16 个重大专项之一。成立于 2008 年的中国商用飞机有限
责任公司是实施国家"大型飞机"重大专项中大型客机项目的主体，承担了我国首次
自主研制的 C919 客机的工程设计任务和技术责任。2015 年 11 月 2 日，C919 大型
客机首架机在中国商用飞机有限责任公司总装制造中心浦东基地厂房内正式下线。
2017 年 2 月 6 日，C919 完成机载系统安装和主要的静力、系统集成试验，5 月 5 日成
功完成首飞。C919 基本型混合级布局 158 座，全经济舱布局 168 座，高密度布局
174 座，标准航程 4 075km，最大航程 5 555km。C919 是中国继运 10 后自主设计、研
制的第二种国产大型客机，是中国首款按照最新国际适航标准研制的干线民用飞

机,具有完全自主知识产权。2022 年 5 月 14 日,编号为 B-001J 的 C919 大飞机从浦东机场第 4 跑道起飞并安全降落,也标志着中国商飞公司即将交付首家用户的首架 C919 大飞机首次飞行试验圆满完成。2022 年 9 月 29 日,C919 取得了民航局颁发的型号合格证,目前,C919 大飞机交付准备工作正在有序推进。我们坚信,通过大飞机项目,中国将跻身国际大型客机市场。

1.2 飞 机 结 构

飞机机体主要由机翼、机身、尾翼和起落架等外部部件组成。飞机结构示意图见图 1-3。

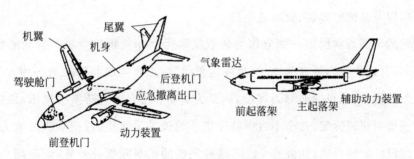

图 1-3 飞机结构示意图

1.2.1 机身

机身是飞机的主体部分,把机翼、尾翼和起落架连在一起。机身包括机头、前机身、中部机身、后部机身和尾部机身。机头装置着驾驶舱,用来控制飞机;前机身、中部机身和后部机身是客舱或货舱,用来装载旅客、货物、燃油和设备;尾部机身和尾翼相连,同时安装有辅助动力装置(auxiliary power unit,APU)。机身基本结构参见图 1-4。

机头驾驶舱中装置有各种仪表和操纵装置,以对飞机进行控制。驾驶舱的后部根据要求可以是客舱或货舱。客舱中装载旅客,考虑到旅客的舒适度和安全性,除装有座椅外,还要有通风保暖设备、安全救生设备等。对大型客机来说,客舱座椅可按头等舱、公务舱、经济舱三个等级来安排。航空公司可以根据运营需要把座舱安

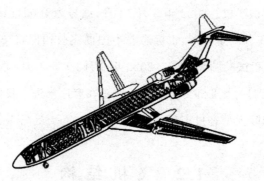

图 1-4　机身基本结构

排成头等舱和经济舱两级布局,也可以全部安排成经济舱以增大旅客运输量。客舱内布置走道、厨房、洗手间等旅客生活需要的空间,根据旅客数量设置相应数量的舱门和窗口以及其他检修、供货的进出口。

客舱的下部通常留出一部分作为装载旅客行李和货物的货舱。货舱的设置要简单得多,有的货舱内装有滑轨、绞盘或起重装置,主要考虑装货的通畅和方便。也有客货型的机舱,机身的前部为客舱,后部为货舱;还有客货转换型机舱,机舱内的隔板和座椅可快速拆装,几个小时内就能把客机改装为货机,或把货机改装为客机。还有专门设计的纯货机,如波音 747F,这种飞机的机身除驾驶舱外,全部都是货舱。为了装卸货物方便,除了机身侧方的舱门外,机头段或机尾段还能设计成可整体打开的形式,让货物从机头和机尾直接进入,有些货机上还备有专用的绞盘或起重机。

1.2.2　机翼

机翼是飞机升力的主要来源,它是飞机必不可缺的一部分,机翼除了提供升力外,还可作为油箱和起落架舱的安放位置,并可以吊装发动机。

1. 机翼的平面形状

现在的民航飞机采用的大多是单机翼。单机翼又根据机翼在机身上的安装位置分为上单翼、中单翼和下单翼,根据形状有平直机翼、梯形机翼、椭圆机翼、后掠机翼、三角机翼等,安装形式也有上反角机翼、下反角机翼之别。机翼形状和配置参见图 1-5。

上单翼布局,干扰阻力小,有很好的向下视野,机身离地面近,便于货物的装运,

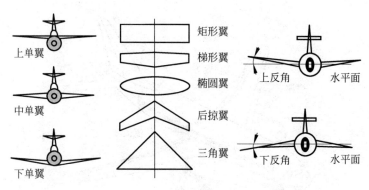

图 1-5　机翼形状和配置

发动机可以安装得离地面较高,免受地面飞起的沙石的损害,因而大部分军用运输机和使用螺旋桨动力装置的运输飞机都采用这种布局。中单翼飞机的气动外形是最好的,但因为大型飞机的翼梁要从机身内穿过,使客舱容积受到严重影响,因而在民航飞机中不采用这种布局形式。下单翼飞机的机翼离地面近,起落架可以做得短些,两个主起落架之间距离较宽,增加了降落的稳定性,起落架很容易在翼下的起落架舱收放,从而减轻了重量。此外发动机和机翼离地面较近,做维修工作方便。下单翼飞机的翼梁在机身下部,机舱空间不受影响。因此,目前的民航运输机大部分为下单翼飞机。

机翼前缘同机身轴线的垂直线之间的夹角称为掠角,如果向后,这个夹角称为后掠角,有后掠角的机翼称为后掠翼,掠角为 0°的称为平直机翼。后掠翼有利于飞机的稳定性,也有利于提高飞机的飞行速度。机翼装在机身上的角度,称为安装角,是机翼与水平线所成的角度,安装角向上的称为上反角,向下的称为下反角。一般下单翼的飞机都具有一定的上反角,而上单翼飞机通常有一定的下反角,以保证有适当的侧向稳定性。

2. 机翼的操纵面

机翼的前缘和后缘加装了很多改善或控制飞机气动力性能的装置,这些装置包括副翼、襟翼、缝翼和扰流板。机翼上的操纵面参见图 1-6。

副翼一般安装在机翼翼尖后缘外侧,有些大型飞机的副翼分内侧和外侧两部分,它可以上下偏转,用来操纵飞机的滚转。大型飞机在高速飞行时避免过大的舵面效应造成操纵过量,所以高速飞行时只使用内侧副翼,而在低速飞行时又要保证

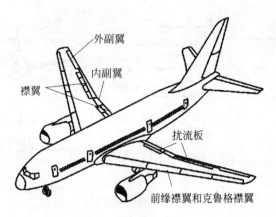

图 1-6 机翼上的操纵面

良好的机动性,所以在低速时使用外侧副翼。

为了在起飞、着陆和在强扰流中飞行时增大机翼的升力,现代飞机采用了各种类型的沿机翼后缘的增升装置,最常见的就是后缘襟翼。装在机翼后缘的一种可动翼面,一般左右襟翼各有一块或两块,可向下偏转或(和)向后(前)滑动,其基本效用是当襟翼下放时,升力明显增大,但阻力也会同时增大。有些飞机在机翼的前缘安装有前缘襟翼。后缘襟翼和前缘襟翼参见图 1-7 和图 1-8。

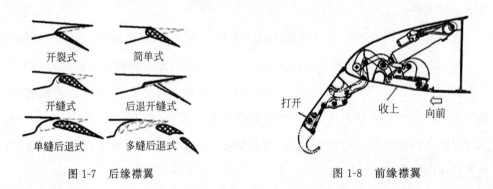

图 1-7 后缘襟翼   图 1-8 前缘襟翼

前缘缝翼也是一种增升装置,是安装在机翼前缘的一段或者几段狭长小翼。缝翼向前移动时在机翼前部出现了一道缝隙,这将使气流由翼下流到机翼的上表面,使得上表面的气流加速,同时消除了上表面后部形成的大部分气流旋涡,使升力增加,并加大迎角,从而可以进一步提高升力。参见图 1-9。

缝翼闭合时,在大迎角下发生气流分离,旋涡很多;缝翼打开时,旋涡很少,恢复

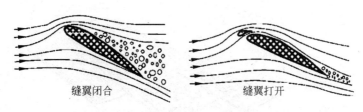

图 1-9　前缘缝翼打开时,气流分离被推迟

了空气的平滑流动;襟翼和缝翼同为增升装置,一般用于起飞和着陆阶段,以便获得较大的升力。

扰流板(图 1-10)是铰接在翼面上表面的板,它只能向上打开,起到增加阻力的作用。在空中,当机翼两侧的扰流板均打开时,增加机翼上的阻力,同时减少升力,使飞机能在空中迅速降低速度;当一侧的扰流板打开时,它的作用和副翼类似,使一侧的阻力上升,使飞机侧倾。在飞机接地后打开,使飞机压紧地面,以空气动力制动飞机。

图 1-10　扰流板

3. 机翼的结构

机翼的结构由翼梁和桁条作为纵向骨架,翼肋做横向骨架,整个骨架外面蒙上蒙皮构成了机翼。参见图 1-11。翼梁承担着机翼上主要的作用力,桁条嵌在翼肋上以支持蒙皮,翼肋则保持着机翼的翼型,并支持着蒙皮承受空气动力,机翼根部和机身的接头承受着巨大的应力,因而这一部分要特别地坚固。机翼内部的空间,除了安装机翼表面上各种附加翼面的操纵装置外,它的主要部分经密封后,作为存储燃油的油箱,大型喷气客机机翼上的燃油载量占全机燃油的 20%～25%,不少飞机起落架舱安置在机翼中,有些飞机的发动机装在机翼上。大部分客机的发动机吊装在机翼下。

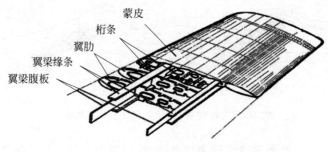

图 1-11　机翼结构

1.2.3　尾翼

尾翼安装在飞机后部,起稳定和操纵飞机的作用。尾翼结构一般也是由梁肋、桁条和蒙皮组成,其构成方法与机翼相似。尾翼一般分为垂直尾翼和水平尾翼。尾翼结构参见图 1-12。

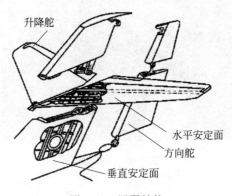

图 1-12　尾翼结构

1. 水平尾翼

水平尾翼用来控制飞机的俯仰操纵和维持飞机纵向稳定性。一般来说,水平尾翼由固定的水平安定面和可偏转的升降舵组成。其中前半部分固定不动的为水平安定面,铰接在安定面后面、可通过操纵实现上下偏转的为升降舵。

当飞机在空中平飞时,常常会受到各种上升气流或者侧向风的影响,此时飞机的航行姿态就会发生改变,飞机会围绕重心偏航、俯仰以及滚转。飞机的水平安定面就能够使飞机在俯仰方向上具有静稳定性。当飞机水平飞行时,水平安定面不会对飞机产生额外的力矩;而当飞机受到扰动抬头时,作用在水平安定面上的气动力就会产生一个使飞机低头的力矩,使飞机恢复到水平飞行姿态;同样,如果飞机低头,则水平安定面产生的力矩就会使飞机抬头,直至恢复水平飞行为止。为了确保飞机具有静稳定性,飞机的重心和飞机的气动中心不在一个位置,气动中心在飞机重心的后面。当飞机在纵向上存在不平衡力矩时,平尾产生的负升力来进行平衡。由于平尾距重心较远,只要用很小的平尾升力就能使飞机保持力矩平衡。大型飞机上,为了提高平尾的平衡能力,水平安定面在飞行中可以缓慢改变安装角,称为可调式水平安定面。

升降舵是水平尾翼中可操纵的翼面部分,其作用是对飞机进行俯仰操纵。当需要飞机抬头向上飞行时,驾驶员就会操纵升降舵向上偏转,此时升降舵所受到的气动力就会产生一个抬头的力矩,飞机就抬头向上了。反之,如果驾驶员操纵升降舵向下偏转,飞机就会在气动力矩的作用下低头。

2. 垂直尾翼

垂直尾翼起保持飞机的航向平衡、稳定和操纵作用,原理与平尾相似。垂尾翼面的前半部分通常是固定的,称为垂直安定面,后半部分铰接在安定面后部,可操纵偏转,称为方向舵。

飞机的垂直安定面的作用是使飞机在偏航方向上(即飞机左转或右转)具有静稳定性。垂直安定面是垂直尾翼中的固定翼面部分,当飞机沿直线作近似匀速直线运动飞行时,垂直安定面不会对飞机产生额外的力矩,但当飞机受到气流的扰动,机头偏向左或右时,此时作用在垂直安定面上的气动力就会产生一个与偏转方向相反的力矩,使飞机恢复到原来的飞行姿态。而且一般来说,飞机偏航得越厉害,垂直安定面所产生的恢复力矩就越大。

方向舵是垂直尾翼中可操纵的翼面部分,其作用是对飞机进行偏航操纵。方向舵的操纵原理与升降舵类似,当飞机需要左转飞行时,驾驶员就会操纵方向舵向左偏转,此时方向舵所受到的气动力就会产生一个使机头向左偏转的力矩,飞机的航向也随之改变。同样,如果驾驶员操纵方向舵向右偏转,飞机的机头就会在气动力矩的作用下向右转。方向舵操纵系统中可装阻尼器,以制止飞机在高空高速飞行中出现的偏航摇摆现象。

1.2.4 起落架

民用飞机绝大多数是在陆上起飞、着陆的,使用机轮式起落架,只有极少数水上飞机使用浮筒式或船身式起落装置,这里只介绍机轮式起落架。起落架的作用是在地面上支撑飞机并保证飞机在起飞、滑跑和在地面上移动的运动功能,它除了承受着飞机停放时的重力和运动时的动载荷外,还承受着着陆时很大的冲击载荷,它影响着飞机起降时的性能和安全。目前民航飞机起落架的配置主要有前三点式和后三点式。起落架配置形式见图 1-13。

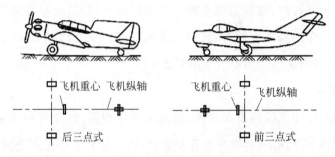

图 1-13　起落架配置形式

前三点式是指主要的承重起落架(主起落架)在重心之后,机头装前起落架;后三点式则是主起落架在重心之前,尾部装尾轮或后起落架。通用航空用的小型活塞式飞机多用后三点式,它的优点是构造简单,发动机安装方便,在起、降时迎角大,从而增大升力,缩短了滑跑距离;它的缺点是在飞机速度增大时,稳定性不好,特别是飞机着陆或中断起飞制动时,由于惯性作用,飞机会向前倒立。前三点式稳定性好同时发动机轴线基本与地面平行,对于喷气发动机来说可以避免炽热的喷气流喷向地面,因而大型高速飞机的起落架都采用前三点式布局。

现代飞机的起落架具有收放、减震、制动和转弯几个功能。通用航空中的很多小型飞机由于速度不高,为了减轻重量和降低成本采用固定的不收起的起落架,不设起落架舱。现代航线飞机的速度都比较快,为了减少空气阻力,都采用了可收放式起落架。起落架的收放装置通常都是通过液压作动筒实现的,有些轻型飞机采用气压或电动收放。起落架还有一套独立的紧急收放系统,在紧急情况时,起落架可不依靠飞机的动力放下。

起落架的减震功能由轮胎和减震器实现,轮胎按所充气分为高压轮胎(0.6~1MPa)、中压轮胎(0.3~0.6MPa)和低压轮胎(0.2~0.3MPa)。低压轮胎减震效果最好,对跑道要求低可吸收震动能量的30%以上,但体积大,一般用于支线飞机和适于低标准机场飞行的飞机。现代大型飞机都使用高压轮胎。小型飞机上使用弹簧减震器,大型飞机一般都使用油气减震器。它的作用是飞机着陆时使活塞杆向上,使液体上升压缩空气,同时液体经小孔流入活塞,当活塞杆停止向上时,气体膨胀,液体回流,使活塞杆向下,这样反复运动,使冲击能量消耗在液体流动的摩擦和气体的膨胀压缩上,从而达到减震的效果。

飞机的地面制动装置是刹车盘。刹车盘装在主起落架机轮的轮毂内,其由一组随机轮转动的刹车片和一组固定在轮轴上的固定刹车片组成,每一片动片对应一片定片,两者之间有一定间隙。在制动时通过活塞使定片压在转动片上,使机轮停止转动。刹车只在地面才起作用,方向舵只在高速时起作用,驾驶员通过脚蹬来进行控制,当脚蹬在高位时控制方向舵,当脚蹬踩到下部时控制刹车。

民航飞机主要采用前三点式起落架,而前三点式飞机的转弯主要靠前轮来执行。前轮转弯由液压系统的作动筒和刹车转弯控制装置控制。刹车转弯控制装置可以通过机长和副驾驶转弯手轮以及方向舵脚蹬来实施,操纵前起落架产生偏转,保证飞机地面运动的方向控制。对于某些重型飞机,为减小飞机转弯时主起落架所受侧向载荷,减小因主轮侧滑而造成的轮胎刮擦损伤,其主起落架也可以转弯。主起落架转弯还可以减小飞机转弯半径,减小操纵飞机转弯时的力。

1.2.5　动力装置

动力装置是指为飞机飞行提供动力的整个系统,包括发动机、螺旋桨及其他附件,而其中最主要的部分是发动机,也称为飞机的心脏,是制造业皇冠上的明珠。发动机的构造复杂,自成系统,它独立于机体,成为飞机的一个主要部分。发动机制造商和飞机的机体制造商是分开的,如我们熟知的波音公司和空客公司是机体制造商,同时负责飞机的总体组装,普惠、通用和罗·罗等公司是专门的发动机制造商,在维护工作和执照中也分为机体和动力装置两个不同的工种。

目前民用航空发动机主要有两种类型,活塞式发动机和喷气式发动机,根据目前的发动机使用情况,火箭发动机更广泛应用于航天领域,我们只介绍民用航空飞机应用的两大类发动机,即活塞式发动机与带压气机和涡轮的喷气式发动机。航空发动机分类见图 1-14。

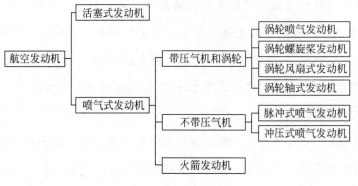

图 1-14　航空发动机分类

1. 活塞式发动机

早期飞机通常使用活塞式发动机作为动力,其中又以四冲程活塞式发动机为主。这类发动机的工作原理主要为吸入空气,与燃油混合后点燃膨胀,驱动活塞往复运动,再转化为驱动轴的旋转输出。活塞式发动机的工作原理与汽车发动机类似,其基本构件是汽缸、活塞曲轴和连杆。汽油在汽缸中燃烧,形成高温气体,气体膨胀做功,推动活塞在汽缸中向下运动,活塞带动连杆,连杆连在曲轴上,使曲轴转动,曲轴继续转动,使活塞又向上移动,然后,再开始点火,使活塞再向下运动,这样往复不断,就把汽油燃烧的热能转化为曲轴转动的机械能,这就是活塞式发动机最基本的工作原理。为实现这一过程,发动机的动作由四个过程构成一个循环,

我们称这个过程为冲程。发动机每进行一次循环,活塞往复两次,经过四个冲程,因此这种发动机被称作四冲程发动机,也被称作往复式发动机。在调控机构的调控下,一个循环接着一个循环地工作下去,发动机就连续工作了。四个冲程的活塞式发动机工作示意图见图 1-15。

活塞式发动机若用单个汽缸,功率是不够的,因为汽缸通常受材料强度的限制,不能做得太大,且一个汽缸的工作也不均衡,会使震动很大。因此,发动机都做成多汽缸的,多汽缸的工作时间错开就使得震动变得均匀,功率越大,汽缸就越多。一般航空发动机都在 5 缸以上,最多 28 缸,功率达到 4 000Ps(马力)。人们将多个活塞发

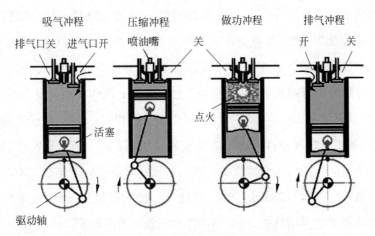

图 1-15　四个冲程的活塞式发动机工作示意图

动机并联在一起,组成星形或 V 形活塞式发动机。

2. 喷气式发动机

由于螺旋桨在高速飞行时的缺点及活塞发动机在降低重量马力比上已接近了极限,因而人们为了提高飞机飞行速度,在动力装置上进行了一次革新。1930 年,英国人弗兰克·惠特尔获得了燃气涡轮发动机专利,这是第一个具有实用性的喷气发动机设计。1939 年世界上第一架喷气式飞机在德国试飞,使飞机的动力装置出现了一个新纪元,也使人类进入了喷气机时代。

喷气发动机既转换能量又产生推力,它本身就是一个推进系统。喷气发动机和活塞式发动机一样通过燃油在发动机内部的燃烧使燃料的化学能转变为机械能,利用反作用力把气体排向后方产生推力,但二者有本质的区别。螺旋桨产生推力是由于螺旋桨的旋转,把外界的空气推向后方,空气动力对螺旋桨产生的反作用力,使飞机前进。而喷气式发动机产生的推力则是由发动机内的气体燃烧膨胀向后排出,在发动机内部产生的反作用力,使整个发动机受到向前的推力。具体见图 1-16。

图 1-16　螺旋桨的拉力和喷气推力的产生

民航喷气式发动机的主要类型有涡轮喷气发动机、涡轮风扇发动机、涡轮螺旋桨发动机和涡轮轴发动机,其中最基本的形式是涡轮喷气发动机,它由进气道、压气机、燃烧室、涡轮和尾喷管几个部分组成。首先,气体从进气道进入,相当于进气冲程;空气经过旋转的压缩机被压缩,相当于压气冲程;气体在燃烧室点燃,气体膨胀通过涡轮,使涡轮转动,涡轮带动压气机,相当于工作冲程;最后,燃烧的高温气体从尾喷管排出,相当于排气冲程。这与活塞式发动机不同:一是活塞发动机所有的工作都是在一个空间——汽缸内完成的;而涡轮喷气发动机的工作是在不同的空间中完成的,吸气在进气道,压缩在压气机,燃烧(点火)在燃烧室,排气在尾喷管。二是活塞发动机的做功是周期性的,一个循环工作一次;而涡轮发动机的做功是连续的,因而工作比较平稳,震动较小。三是活塞式发动机的功率输出只由曲轴的转动完成;而涡轮发动机的做功分为两个部分,一个部分是涡轮的转动,它除带动压气机转动外,也可以带动功率轴做功,另一部分是由喷出的气体直接产生推力做功。喷气式发动机的组成见图 1-17。

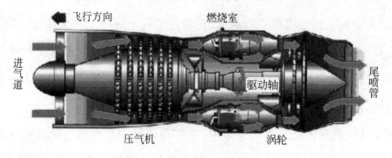

图 1-17　喷气式发动机的组成

3. 辅助动力装置

在大中型飞机上和大型直升机上,为了减少对地面(机场)供电设备的依赖,都装有独立的动力装置,称为辅助动力装置(auxiliary power unit,APU)。APU 的作用是向飞机独立地提供电力和压缩空气。飞机在地面上,由 APU 来启动主发动机,从而不需依靠地面电、气源车来发动飞机;飞机在地面时,APU 提供电力和压缩空气,保证客舱和驾驶舱内的照明和空调;飞机起飞时,使发动机功率全部用于地面加速和爬升,改善了起飞性能;降落后,仍由 APU 供应电力照明和空调,使主发动机提早关闭,从而节省了燃油,降低机场噪声。通常在飞机爬升到一定高度(5 000m 以下)辅助动力装置关闭。但在飞行中当主发动机空中停车时,APU 可在一定高度(一般为

10 000m 以下）的高空中及时启动，为发动机重新启动提供动力。具体见图 1-18。

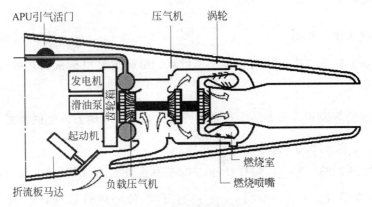

图 1-18　辅助动力装置

辅助动力装置的核心部分是一个小型涡轮发动机，大部分是专门设计的，也有一部分由涡桨发动机改装而成，一般装在机身最后段的尾椎之内，在机身上方垂尾附近开有进气口，排气直接由尾椎后端的排气口排出。发动机前端除正常压气机外，装有一个负载压气机，它向机身前部的空调组件输送高温的压缩空气，以保证机舱的空调系统工作，同时还带动一个发电机，可以向飞机电网送出 115V、400Hz 的三相电流。APU 有单独的启动电动机，由单独的电池供电，有独立的附加齿轮箱、润滑系统、冷却系统和防火装置。它的燃油来自飞机上总的燃油系统。现代化的大中型客机上，APU 是保证发动机空中停车后再启动的主要装备，它直接影响飞行安全。APU 又是保证飞机停在地面时客舱舒适的必要条件，这会影响旅客对乘机机型的选择。因此 APU 成为飞机上一个重要的、不可或缺的系统。

习　　题

一、简答题

1. 根据获得升力方式的不同，航空器分类情况是怎样的？

2. 按照进近类别，飞机如何分类，分类的具体标准是什么？

3. 简单介绍一下 C919 机型的基本情况。

4. 简述 APU 的功能作用。

二、填空题

1. 飞机机体主要由_____、_____、_____、_____等外部部件组成。

2. 现在的民航飞机采用的大多是单机翼。单机翼又根据机翼在机身上的安装位置分为_____、_____和_____。

3. 机翼的前缘和后缘加装了很多改善或控制飞机气动力性能的装置,这些装置包括_____、_____、_____和_____。

4. 机翼两侧的_____均打开时,增加机翼上的阻力,同时减少升力,使飞机能在空中迅速降低速度;当一侧的_____打开时,使一侧的阻力上升,使飞机侧倾。在飞机接地后打开,使飞机压紧地面,以空气动力制动飞机。

5. 水平尾翼由固定的_____和可偏转的_____组成;垂直尾翼由固定的_____和可偏转的_____组成。

6. 目前民航飞机起落架的配置主要有_____和_____。大型高速飞机的起落架都采用_____布局,主要的承重起落架(主起落架)在重心之后。

7. 目前民用航空发动机主要有两种类型:_____、_____。

8. 带压气机和涡轮的喷气式发动机一般有以下 4 种:_____、_____、_____、_____。

9. 四冲程活塞式发动机工作过程包括:_____、_____、_____、_____。其中做功冲程的作用是_____。

10. 涡轮喷气发动机由_____、_____、_____、_____、_____几个部分组成。

自 测 题

第 2 章

飞 行 原 理

　　飞机的飞行原理需要从空气动力学的角度进行分析,机翼的形状设计是为了在飞行过程中,让空气流速变化,而空气流速快慢会让空气的压强出现大小变化,在这些力的作用下,飞机就能够实现在空中的飞行。飞机的飞行需要借助空气给它施加的力,要了解飞行的原理首先要了解飞行的环境,本章介绍空气的组成、属性和流动规律,然后分析当飞机在空气中运动时空气动力、升力和阻力的产生以及特性。

2.1　飞 行 环 境

　　飞机在大气即空气当中运动,了解飞机飞行所处的环境对于飞机飞行原理的学习是必要的,因为飞机的空气动力、发动机工作状态都与大气密切相关。

2.1.1　空气组成

　　飞行所处的大气是环绕地球并贴近其表面的一层空气包层。它是地球相当重要的组成部分,就像海洋或陆地一样。然而,空气不同于陆地和水,因为它是多种气体的混合物。它具有质量,也有重量和不确定的形状。

　　1. 大气组成

　　如图 2-1 所示,大气是由 78% 的氮气、21% 的氧气以及 1% 的其他气体,如氩气和氦气等组成的。部分元素比其他的重,较重的气体如氧气,其天然的趋势就是占据地球的表面,而较轻的气体会升高到较高的区域。因此大多数氧气包含在约 35 000ft(11 000m)高度以下。

　　因为空气有质量也有重量,可看作一个物体。既为物体,必然遵循物理定律。气柱驻留于地球表面之上,有重量,在海平面上产生的平均压力为每平方英寸

14.7lb,或者为 29.92inch 汞柱、760mm 汞柱所对应的压力。由于其浓度是有限的，在更高的高度上，那里的空气更加稀薄。如在 18 000ft 高度的大气重量仅为在海平面的一半。

如图 2-1 所示，大气以大约 300mile（900km）的高度环绕着地球，直到 6mile（11km）处还会有不同状态的水蒸气存在。通常情况下，温度越高，一定质量的空气中水蒸气越多。空气拥有自身的重量和压缩性。随着高度的增加，压强、密度和温度都会减小，飞机在空气中飞行，压强、密度和温度的变化将会影响到飞机的性能。

2. 大气分层

如图 2-2 所示，整个大气层随高度不同表现出不同的特点，根据气温的垂直分布特点，可将大气分为对流层、平流层、中间层、电离层和散逸层五层。中间层、电离层和散逸层已超出了民用飞机的飞行高度限制，因此本教材只介绍对流层及平流层。

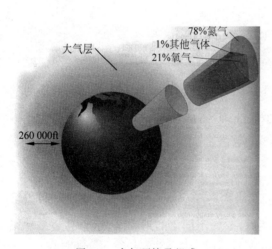

图 2-1　大气环境及组成

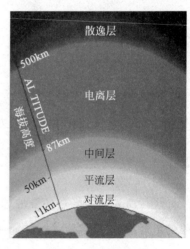

图 2-2　大气分层

1）对流层（troposphere）

对流层位于大气的最底层，集中了约 75％ 的大气质量和 90％ 以上的水汽质量。它是接近地球表面的一层大气层，空气的移动是以上升气流和下降气流为主的对流运动，因此叫作对流层。该层有如下特点：

（1）温度随高度的增加而降低。这是因为该层不能直接吸收太阳的短波辐射，但能吸收地面反射的长波辐射而从下垫面加热大气。因而靠近地面的空气受热多，远离地面的空气受热少。

（2）空气对流。因地面热辐射使下层空气升温，冷热空气发生垂直对流，又由于地面有海陆之分、昼夜之别以及纬度高低之差，因而不同地区温度也有差别，形成了空气的水平运动。

（3）温度、湿度等各要素水平分布不均匀。大气与地表接触，水蒸气、尘埃、微生物以及人类活动产生的有毒物质进入空气层，故该层中除气流做垂直和水平运动外，化学过程十分活跃，并伴随气团变冷或变热，水汽形成雨、雪、雹、霜、露、云、雾等一系列天气现象。

2）平流层（stratosphere）

平流层又名同温层，是从对流层顶到约 50km 高度的大气层。这里基本上没有水汽，晴朗无云，很少发生天气变化，适于飞机航行。它与位于其下贴近地表的对流层刚好相反，对流层是上冷下热的。在 20～30km 处，氧分子在紫外线作用下，形成臭氧层，像一道屏障保护着地球上的生物免受太阳紫外线及高能粒子的袭击。

2.1.2　标准大气

1. 实际大气参数

实际大气气体的状态可由下列参数作为其属性代表：温度 T、压强 P 及密度 ρ。

随高度增加，气温降低（对流层内），气温保持（平流层底部），气温升高（平流层上部）；高度增加，空气压力减小；高度增加，空气密度减小。

1）大气温度 T

物体的冷热程度用温标表示，就是温度。空气冷热程度，是空气分子热运动的度量，称为空气的温度，也称气温。气温实际上是空气分子平均动能大小的反映。当空气获得热量时，分子运动的平均速度增大，平均动能增加，气温也就升高；反之，当空气失去热量时，分子运动的平均速度减小，平均动能减小，气温也就降低。

实际大气对流层内，随着高度的升高，温度会逐渐降低，气温降低的数值会随季节、地区、纬度、高度的不同而有所不同。

在之后讨论的国际标准大气规定，在对流层内，近似是一个线性变化的过程，平均来说，高度每升高 1km，温度将降低 6.5℃，或高度每升高 1 000ft，温度将降低 2℃。

在平流层的底部,温度持续保持−56.5℃不变。

2）大气压强 P

空气的压强,是指物体单位面积上所受空气垂直作用力。从数量说,即是物体单位面积上所承受的大气柱的重量,习惯上也称之为大气压力。大气压力的产生是地球引力作用的结果。虽然空气很轻,但也受重力的影响。因此,和其他物质一样,由于空气有重量,就产生了力量。由于它是流体物质,朝各个方向施加的力是相等的,它作用于空气中物体的效果就是压力。静止的流体或运动的无黏性流体内部任一点各方向上的压强是相同的。对于大气层中任何一点来说,它的所有方向的气压都是相等的,且气压是随大气高度而变化的。高度越高,大气压力越小。

3）大气密度 ρ

大气密度是指单位体积空气的质量。空气密度对飞机的性能有重大的影响。如果空气密度变低,相同体积的空气质量减少,发动机引气引入更少质量的空气,飞机动力会降低；螺旋桨在稀薄的空气里更低效,螺旋桨拉力减小；更加稀薄的空气对机翼产生的空气动力更小,升力减小。影响大气密度的因素有压强、温度、湿度、高度和纬度等。

2. 标准大气

为了提供大气压力和温度的通用参照标准,国际民航组织（ICAO）规定了国际标准大气（ISA）。国际标准大气是人为规定的一个不变的大气环境,包括大气的温度、密度和气压等随高度变化的关系,得出统一数据,作为计算和试验飞机的统一标准。国际标准大气是以北半球中纬度地区大气物理特性的平均值为依据,加以适当修订而建立的。

ISA 规定：

1）基准面即标准海平面

大气是静止的；

空气为干燥洁净的理想气体；

标准海平面高度为 0；

标准海平面相对湿度为 0；

标准海平面气温为 288.15K、15℃或 59°F；

标准海平面气压为 1 013.25hPa 或 760mmHg 或 29.92inHg；

标准海平面的密度为 1.225kg/m³。

2）温度随高度变化

从 0 到 11km 或 36 089ft（对流层顶），对流层内标准温度递减率为：每增加 1 000m 温度递减 6.5℃，或每增加 1 000ft 温度递减 2℃；11～20km 之间的平流层底部气体温度为常值−56.5℃。如图 2-3 所示。

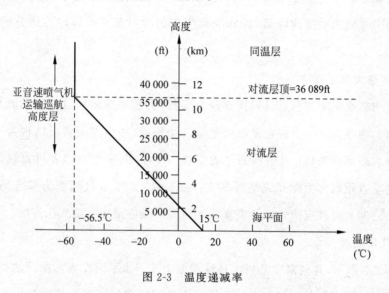

图 2-3 温度递减率

如图 2-4 所示为温度、压强和密度随高度的变化趋势。

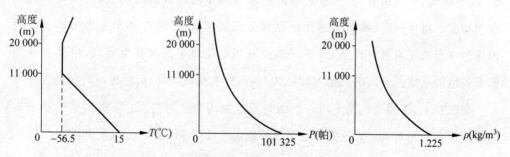

图 2-4 温度、压强和密度随高度的变化情况

3）压强随高度的变化：随着高度的增加逐渐减小

对流层中气压随高度的变化近似为线性变化。具体计算公式和数值在这里不讨论，下面是中低空的近似简便算法，高度越高偏差越大。

高度增加 1 000ft,气压约降低 1inHg;

高度增加 28ft,气压约降低 1hPa;

高度增加 11m,气压约降低 1mmHg。

4）密度随高度的变化：随着高度的增加逐渐减小

实际大气与国际标准大气是有区别的，一方面造成了某些以标准大气为基准的仪表测量误差；另一方面，实际大气的温度、压强及密度的变化将导致发动机的性能及空气动力性能的增强或降低，以标准大气作为参考基准可以定性地分析其趋势。具体见图 2-4。

3. 标准大气与高度

确定飞机在空间的垂直位置需要两个要素，测量基准面和自该基准面至飞机的垂直距离。通常自某一个特定基准面量至一个平面、一个点或者可以视为一个点的物体的垂直距离称为高；自平均海平面量至一个平面、一个点或者可以视为一个点的物体的垂直距离称为标高或绝对高度；以 1 013.25hPa 气压面为基准的等压面，各等压面之间具有规定的气压差换算成相应飞行高度层或标准气压高度。

1）几何高度

如图 2-5 所示，几何高度是指以地球表面上某一水平面作为基准面的高度，实际就是相对于地球表面的真实高度。几何高度是用标准的长度单位度量出来的高度。例如，一座山、一栋楼房、一个发射塔的高度等都是测量得出的高度，是相对当地地面的高度。机场标高、地图上的标高也都是几何高度，是相对某个零点的高度。我国这个零点就是黄海高程系，青岛基准点假想平均海平面即基准零高，由此点开始测量各地的高度。测出的几何高度称为高程，标在地图上即标高，也叫海拔高度。

在航空上，认为飞机到平均海平面的垂直距离为绝对高度；飞机到某机场平面的垂直距离为相对高度；飞机到正下方的地点平面的垂直距离为真实高度。

2）气压高度

气压高度是根据实际测量压强，按照国际标准大气（ISA）中压强与高度的关系确定出的高度。即使两架飞机所飞实际几何高度不同，若测得外界大气压强一致，即认为两架飞机位于同一气压高度处以及两架飞机位于同一等压线上。性能手册和图表都是按气压高度及 $ISA+\Delta T$（即 ISA 偏差）的形式给出。气压高度的测量依

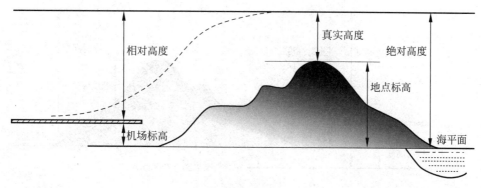

图 2-5　几何高度

靠气压式高度表,通过飞机静压孔或静压源测量外界大气压强,通过真空膜盒的弹性形变,反推出压强的变化值,结合气压基准面得到气压差值,再结合国际标准大气表推算出气压高度,并显示在气压式高度表上,如图 2-6 所示。

图 2-6　气压式高度表

　　气压式高度表的读数为指示高度(indicated altitude),因其是标准大气条件下,飞机所在位置的气压面与选定的基准气压面之间气压差换算成的垂直距离。若基准调定后,保持指示高度不变飞行,飞机实际是沿等压线或等压面在飞行。

　　根据基准面的不同,又可将气压高度分为场面气压高度、修正海压高度和标准气压高度,其基准面分别为场面气压(QFE)、修正海压(QNH)和标准气压(QNE)。如图 2-7 所示。

　　场面气压,即机场道面的大气压强,场面气压高度 H_{QFE} 是以起飞机场或着陆机场的场面气压为基准的气压高度。若以 QFE 作为基准面调定高度表,那么在地面高度表指 0,在空中高度表指的是相对于道面的气压高度,但并不是距离道面的几何

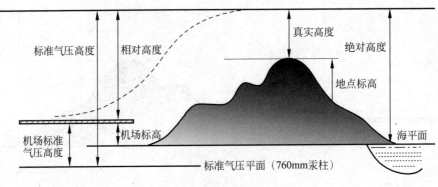

图 2-7 气压高度

高度,是两个气压高度之差,即飞机所在处的气压高度与道面气压高度之差。

修正海压,为使高度表在跑道道面上指示机场标高的高度表的零点拨正值。以此气压面作为基准面可有效保障飞机在进离场阶段的超障安全问题。因机场附近的障碍物均以标高的形式给定几何高度,必须使飞机在跑道道面上高度表显示该机场标高,此时高度表的基准值即为修正海平面气压值。修正海压高度 H_{QNH} 是以修正海平面气压为基准面的气压高度。

标准大气海平面气压,是 ISA 规定的高度为 0 的标准海平面气压值,以此气压面作为基准面可有效保障飞机在巡航阶段一致的起始基准面。以 1 013.25hPa 作为基准面的飞行高度层可有效解决垂直间隔控制问题。

若外界实际大气与标准大气一致,那么气压高度可在数值上等于相对高度;修正海压高度等于绝对高度;但由于外界实际大气的复杂条件变化,两组数值会存在偏差。

3)密度高度

所谓密度高度,是指飞机所在地方的空气密度等于标准大气时的高度。一般都是在已知气压高度的情况下来求密度高度。因气压、气温和湿度都会影响大气密度,而密度在很大程度上影响着飞机和发动机的性能。在标准大气条件下,大气层的每个高度都有其特定的密度,这时在每个高度面,其气压高度和密度高度的指示值相同。实际大气的密度值随气压、气温和湿度等条件的变化会区别于该气压高度处的标准大气密度值。密度高度是将气压高度值对温度等条件校验后的高度,如当大气温度符合国际标准大气的状况时,密度高度等于气压高度;当大气温度高于标准大气时,密度高度高于气压高度;当大气温度低于标准大气时,密度高度低于气压高度。使用密度高度最主要的目的是让飞行员以及飞机设计制造部门计算及了解正确的飞机性能值,并不是来作为高度的参考。高密度高度不利于飞机与发动机的性能,低密度高度有利于飞机与发动机的性能。

4. 实际大气与标准大气之间的偏差

飞机的越障高度、爬升梯度、爬升率、爬升加速度使用几何高度。手册给出飞机、发动机性能数据时都以气压高度及 ISA+ΔT 形式给出,那么实际几何高度与标准大气之间的差别就显得格外重要。

1)温度 T 偏差

ISA 偏差(ISA deviation)指某处实际温度与 ISA 标准温度的差值,它是一种表示实际大气温度的方法。通常 ISA+ΔT 这种表征形式会出现在性能图表当中。

例:飞机巡航高度 3 000m,该高度上实际气温为 -6℃。求该高度处的 ISA 偏差。

解:高度 3 000m 处,ISA 标准温度应为:$T_{标准}=(15-6.5\times3)$℃$=-4.5$℃。

而实际温度为:$T_{实际}=-6$℃。

所以,ISA 偏差即温度差为:ISA 偏差 $=T_{实际}-T_{标准}=-6$℃$+4.5$℃$=-1.5$℃。

实际温度表示为:ISA-1.5℃。表明此时该飞机所处环境比标准温度低 1.5℃。由于实际大气的压强变化要比标准大气复杂得多,因此高度表的测量值与实际值会有误差。当基准相同时,对于 ISA,气压高度等于几何高度;对于非 ISA,气压高度与几何高度存在偏差。根据实际压强,按照 ISA 中压强与高度的关系确定出的高度真正反映了实际大气的压强 P,因此飞机的性能与气压高度有关,而不取决于其飞行的几何高度。当大气条件为非标准状态时,飞机从较暖的地表飞至较冷的地表,应注意实际几何高度偏低的情况。

如图 2-8 所示,a、b、c 三种情况下,基准面气压均为 760mmHg,测出气压高度均为 P_{H},故三架飞机的指示高度均为 H。由理想气体状态方程可知,a 为标准温度,几何高度即实际高度与压力高度相等,b 指当实际大气的温度高于标准大气温度时,几何高度大于气压高度,气压表有少指的误差。c 反之,实际大气的温度低于标准大气温度时,几何高度小于气压高度,气压表有多指的误差。

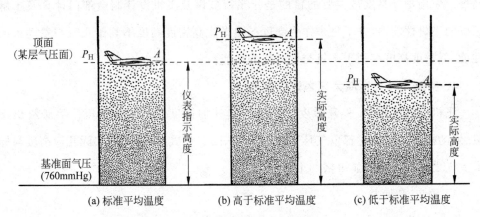

图 2-8 几何高度和压力高度的温度偏差

因此,在计算飞机起飞越障性能时将障碍物几何高度转换为气压高度,在冬天起飞时,比较危险,安全余量不够;在夏天起飞时,经济性变差。

2) 压强 P 偏差

压强的偏差,主要表现为高度表测量值的误差。

例:QFE=765mmHg,但飞行员误调为 767mmHg。当高度表指示 200m 时,飞机距机场平面的气压高实际是多少?

解:$200-11\times(767-765)=178$(m)。

高度表指示 200m 是以飞行员所调 767mmHg 作为基准面的,而实际的基准面 765mmHg 高于误调基准面 767mmHg,因此飞机应比所测高度更接近于地面,差值即为气压面差值所对应的高度差值。(1mmHg 大约 11 米的高度差)

当大气条件为非标准状态时,飞机由高压飞到低压时,注意实际飞行高度低。

如图 2-9 所示,飞机基准面均为 760mmHg,飞机指示高度按照 560mmHg 所对应高度,指示高度为 2 500m,由于左侧气柱气压高,右侧气柱气压低,同一水平面,左侧压强大于右侧压强,飞机在飞行过程中,始终沿 560mmHg 气压面飞,保证压力高度表为 2 500m,但实际几何高度左侧为 2 500m,右侧为 2 400m。

综上,飞机从较高温度飞往较低温度或从较高压强飞往较低压强处,均会出现气压式高度表指高(high to low,hot to cold,look out below),飞机实际几何真实高度偏低更接近于地面的情况。

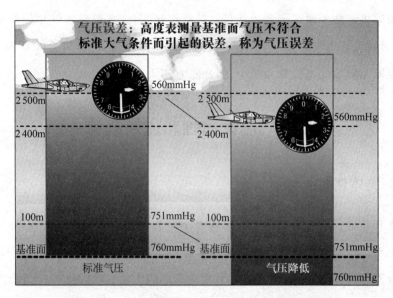

图 2-9 几何高度和压力高度的压力偏差

无线电高度表是飞机上用于起落阶段低高度飞行时测量离地真实高度用的,原理是测量频率差或相位差来确定电波在飞机和地面的往返时间,确定飞机的几何真实高度。在起飞和着陆阶段,飞机距离地面或障碍物的距离可通过无线电高度表实时测得,但其自身特点并不适用于控制飞机的垂直间隔。

3) 密度 ρ 偏差

比如,气温高则空气变得较轻即密度减小,大气密度和标准大气的较高层密度相等,此区域便有较高的密度高度,此即所谓高密度高度(aigh density altitude);气温低则空气变得较重即密度增加,大气密度和标准大气的较低层密度相等,此区域便有较低的密度高度,此即所谓低密度高度(low density altitude)。

低密度高度可增加飞机的操作性能,而高密度高度则会降低飞机操作性能。机翼的升力或螺旋桨的拉力受其周边的空气速度和移动时的空气密度所影响,在高密度高度的地区,需要额外的动力来弥补稀薄空气的不足,且起飞和降落的距离加长,上升率和升限也降低。根据实测结果,当气压维持不变,气温每升高 10℃,起飞所需跑道长度增加 13%,落地增加 5%;气温每降低 10℃,则起飞所需跑道长度减少 10%,降落亦减少 5%。因此同一机场,夏季所需起降距离将比冬季长。

高密度高度不利于飞机操控(high density altitude,poor performance),其主要

原因是引擎进气减少致飞行动力降低；对螺旋桨而言，在稀薄空气中螺旋桨空气动力减小，对喷气式飞机而言，空气质量的减少降低进气量，同样也会减低推力；因为空气密度减小会致使飞机升力减小、爬升能力降低。

2.2　流体属性和流动规律

2.2.1　流体属性

空气和其他任意流体一样，当受到微小压力时就会流动和改变它的形状。例如，气体会充满任何其所在容器，膨胀和传播到其外形能够达到的容器的限制。

区分固体、液体和气体可以用一个非常简单的方法：将固体放在一个较大密闭容器内，固体将不会产生任何变化，包括其形状及边界仍旧保持不变；将液体放入该密闭容器，液体将会改变其原有的形状，而且液体的边界将和容器的长宽边界变得一致，以最大的深度填充该容器；气体将会同样改变原有的形状，但将从长宽高三个维度上与容器边界重合。

1. 连续性

空气作为能使物体在其中运动并给物体一定作用力的物质具有介质的属性。分子在不断地做不规则运动，一个气体从一次碰撞到下一次碰撞所走过的距离称为自由程。例如，标准大气下，1 013hPa 和 15℃，每 1cm^3 空间内部有空气分子 2.7×10^{19} 个，平均自由程为 10^{-8} mm，平均自由程如此之小，此时可看作大量分子一起运动作用于其他物体，这是一种总体属性，可将气体看作连续介质；然而在 120km 的高空，气体的平均自由程为 200mm。对高空飞行的飞行器来说，空气不能看作连续介质。如图 2-10 所示，气体连续介质假设认为气体在充满一个体积时，不留任何自由空间，其中没有真空区域，没有分子间的空隙，也没有分子的热运动，可把气体看作是连续的介质。对于几十千米高度以下飞行的飞机来说，空气可以认为是连续介质，因为空气分子之间虽然存在间隙，但是相对飞机来说非常小。空气对飞机的作用不会反映单个分子碰撞的效果，体现的是大量气体分子的整体作用，所以可将空气看成是连续分布的介质。

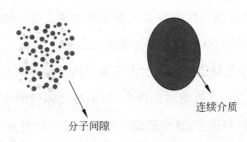

分子间隙　　　　　连续介质

图 2-10　连续性

2. 压缩性

流体的密度随压力或温度的变化而变化的性质称为流体的压缩性。一定质量的流体,在压强或温度改变时其体积和密度会发生变化。气体易压缩,液体不易压缩。

压缩性描述指标——体积弹性模量(E),是体积相对变化量或密度相对变化量等于 1 时所需的压强变化量。E 越大说明流体越不易压缩。

$$E = \mathrm{d}P/(\mathrm{d}\rho/\rho)$$

严格地说,由于流体内部分子的间隙,不存在完全不可压缩的流体,气体相对运动速度比较小时(如马赫数 Ma<0.4),压强变化相对较小,密度几乎不受影响。马赫数 Ma 是速度 v 与音速 a 的比值,是流体运动速度与微弱扰动音速之间的相对关系。

$$\mathrm{Ma} = v/a$$

因此根据流体受压体积缩小的性质,流体可分为可压缩流体和不可压缩流体。可压缩流体(compressible flow)是流体密度随压强变化不能忽略的流体;不可压缩流体(incompressible flow)是流体密度随压强变化很小,流体的密度可近似视为常数的流体。不可压缩流体马赫数 Ma 为 0。

当空气和航空器有相对运动速度时,空气的压强变化会使密度发生变化:相对运动速度比较大时,密度变化显著;相对运动速度比较小时,密度变化小。飞机低速飞行时如起飞和着陆阶段,可认为空气不可压,密度为常数;高速飞行时必须考虑空气的压缩性。

3. 黏性

1) 黏性的定义

流体是不能承受剪切力的,即使在很小的剪切力作用下,流体会连续不断地变形,但是不同的流体在相同作用的剪切力下变形的速度是不同的,也就是不同的流体抵抗剪切力的能力不同,这种能力称为流体的黏性。

黏性的本质:两层气体之间的黏性力来源于两层气体之间的分子动量交换,是层和层之间的内摩擦力。在流动的流体中,如果各流体层的流速不相等,那么在相邻的两流体层之间的接触面上,就会形成一对等值而反向的内摩擦力(或黏性阻力)来阻碍两气体层做相对运动。

2)附面层

空气是有黏性的,当有黏性的气流流过一个物体时,由于物体表面不是绝对光滑的,紧贴物体表面的那层空气受到阻滞和吸附,黏在物体表面,气流速度变为零,这层速度为零的空气层又通过黏性影响到其外层的气流,使其外层气流速度减小。这样一层层地向外影响下去,在紧贴物体表面的地方就出现了气流速度沿物体表面法线方向逐渐增大的薄层。随着流速一点点增大,直到基本恢复到气流速度从物面速度为零处逐渐增大到99%主流速度状态,流速发生变化的空气层或在紧贴物体表面很薄的空气波动层就叫附面层或边界层。

2.2.2　流体定律

低速空气流动,根据空气动力学的定律,可由质量守恒与能量守恒角度出发,导出定常流连续性方程及低速定常理想流伯努利方程。

1.　定常流连续性方程

按照日常经验,山谷里的风通常比平原大;高楼大厦之间的对流通常比空旷地带大;河水在河道窄的地方流得快,在河道宽的地方流得慢。

对于定常流,因流管的密闭性,在同一时间流过流管任意截面的流体质量相等。如图 2-11 所示,单位时间内流过截面 1 的流体体积为 $v_1 A_1$,流体质量为 $\rho_1 v_1 A_1$。同理,单位时间内流过截面 2 的流体体积为 $v_2 A_2$,流体质量为 $\rho_2 v_2 A_2$,则根据质量守恒定律可得:

$$\rho_1 \cdot v_1 \cdot A_1 = \rho_2 \cdot v_2 \cdot A_2$$

定常流,无论流体是否有黏性,是否可压,通过流管任一截面积的质量流量保持不变。即

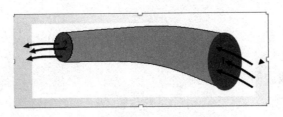

图 2-11　流管密闭质量守恒

定常流质量流量可表示为：

$$Q_m = \rho v A = \text{const}$$

若为定常不可压流：

$$\rho = \text{const}$$

则定常不可压缩流体积流量：

$$Q = vA = \text{const}$$

则流速与截面积的关系为：

$$v_1 \cdot A_1 = v_2 \cdot A_2$$

对于不可压缩流(低速)，流速大小与截面积**成反比**，如图 2-12 所示，**1 截面流速小于 2 截面**；对于可压缩流，因密度变化情况更为复杂，本书不进行具体分析。

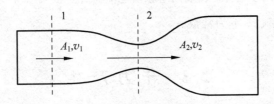

图 2-12　低速连续性定理

2. 低速定常理想流伯努利方程

1) 欧拉方程

定常理想流的动量定理为：沿流线若速度增大，则压强减小，若速度减小则压强增大。其数学表现形式如下：

$$dP + \rho v \, dv = 0$$

2) 定常理想流伯努利方程

对于低速理想流，ρ 为常数，则

$$dP + 1/2\rho \, dv^2 = 0$$

即

$$P + 1/2\rho v^2 = \text{const}$$

若沿同一流线或同一流管,则

$$P + 1/2\rho v^2 = P_t$$

其中:

$1/2\rho v^2$ 为动压 P_d(dynamic pressure),单位体积空气所具有的动能。这是一种附加的压力,是空气在流动中受阻,流速降低时产生的压力。

P 为静压 P_s(static pressure),单位体积空气所具有的压力即大气静压,在静止的空气中,静压等于当时当地的大气压。P_t 为总压(total pressure),总压(全压)是动压和静压之和。

空气能量主要有四种:动能、压力能、热能、重力势能。低速流动,热能可忽略不计,空气密度小,重力势能沿流线或流管保持不变,可忽略不计。根据沿流管任意截面能量守恒,单位体积的动能 P_d 与压力能 P_s 之和即总压 P_t 保持不变。

低速定常理想流伯努利定理认为气流是连续、稳定的,即流动是定常的;理想流体空气没有黏性;低速流动不可压缩流空气密度不变;与外界没有能量交换,即空气是绝热的,且仅在同一条流线或同一条流管上适用。

对于高速理想流,ρ 不为常数。

2.3　升力产生

2.3.1　相对气流

飞机在空中飞行,与空气相对运动时,如图 2-13 所示,其中垂直于飞行方向的分量称为升力(lift),通常用 L 表示,平行于飞行方向的分量称为阻力(drag),通常用 D 表示。

理论上,飞机的各个部位其气动外形都可产生升力,但机翼是主要产生升力的部位。

前方来流被机翼分为了两部分,一部分从上表面流过,另一部分从下表面流过,如图 2-14 所示。

由连续性定理分析可知,流过机翼上表面的气流受压缩程度大于下表面,因此

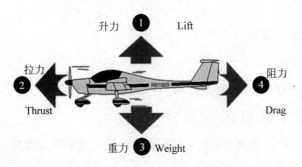

图 2-13　空气动力、升力和阻力

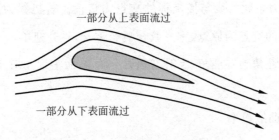

图 2-14　气流流过翼型上下表面

上表面气流流动比下表面的气流速度快。

由伯努利定理分析可知,上表面流速大于下表面流速,下表面压强大于上表面压强,如图 2-15 所示。上下表面出现的压力差,在垂直于(前方匀直流)相对气流方向的分量为升力,与相对气流方向一致,与飞机运动方向相反的分量为阻力。

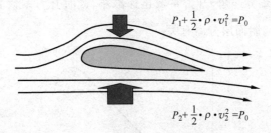

图 2-15　翼型上下表面压强差

2.3.2　升力公式与升力系数曲线

空气动力系数 C_L 取决于迎角 α、马赫数 Ma、雷诺数 Re、构型和表面粗糙程度,飞机的升力 L 与升力系数 C_L、来流动压 $1/2\rho v^2$ 和机翼面积 S 成正比。

$$L = C_L \frac{1}{2}\rho v^2 \cdot S$$

升力系数曲线各要素分析如下。

(1) 零升迎角 α_0

升力为 0 时的迎角,称作零升迎角,其大小主要由翼型的弯度所决定。翼型正弯度越大,升力系数曲线与横坐标的交点将向左移动。

零升弦:是这样一条弦,当前方来流 v 平行于它流来时翼型的升力为 0。

零升迎角 α_0:零升弦和翼弦的夹角,即升力为 0 时的迎角。正弯度的翼型,零升迎角 α_0 小于 0,升力系数曲线与横坐标的交点为负值。若机翼为对称翼型,则升力系数曲线与坐标轴的交点为原点,零升弦与翼弦重合,零升迎角 α_0 为 0。

需要区分零升迎角与零迎角,零升迎角升力为 0,而零迎角对于正弯度的翼型将产生升力。

(2) 升力系数曲线斜率

升力系数 C_L 增量与迎角增量之比值,可反映迎角改变时升力系数变化的大小程度。升力系数 C_L 随迎角 α 的增大而增大。若是理想流体,升力系数 C_L 与迎角 α 呈线性关系。

(3) 临界迎角 α_{cr}

升力系数取最大值的迎角称为临界迎角 α_{cr}(critical angle)或失速迎角(stalling angle),当迎角超过临界迎角,升力系数迅速减小,此时升力系数曲线(见图 2-16)的弯曲及失速现象均与附面层分离有关。

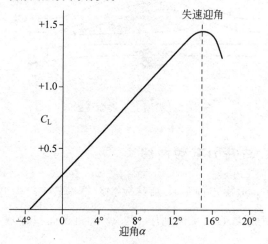

图 2-16　升力系数曲线

2.4　阻　力　特　性

阻力是作用在飞机上的空气动力的合力在来流速度方向（或飞行速度方向）的分量，与飞行速度方向相反，阻碍飞机的飞行，但没有阻力飞机又无法稳定飞行。

2.4.1　阻力分类

对于低速飞机，根据阻力的形成原因，可将阻力分为：摩擦阻力（friction drag）、压差阻力（form drag）、干扰阻力（interference drag）和诱导阻力（induced drag）。

1. 废阻力

废阻力又称零升阻力或寄生阻力（parasite drag），摩擦阻力、压差阻力和干扰阻力属于废阻力。

1）摩擦阻力

由于紧贴飞机表面的空气受到阻碍作用而流速降低到零，根据作用力与反作用力定律，飞机必然受到空气的反作用。这个反作用力与飞行方向相反，称为摩擦阻力。飞机的表面积越大，表面越粗糙，翼型厚度越大，迎角越大，摩擦阻力越大。

2）压差阻力

气流流过机翼后，在机翼的后缘部分附面层分离形成低压涡流区；而在机翼前缘部分，气流受阻压强增大，机翼前后缘就产生了压力差，前方的高压与后缘的低压，产生从前缘到后缘的气流流动趋势，这与来流方向一致，与运动方向相反，机翼产生压差阻力。

飞机压差阻力的大小与迎风面积、形状和迎角有关。

迎风面积越大，前方气流受阻越严重，压强增大越多，前后压差增大，压差阻力增大。因此应尽量流线化前缘与后缘，减少迎风面积。

迎角越大，上表面后缘附面层分离越发严重，涡流区前移，压强进一步减小，前后压差增大，阻力增大。因此应避免使飞机接近失速区，如图 2-17 所示。

3）干扰阻力

飞机不同部位，机翼、机身及尾翼都有其自身的阻力，当将不同部位安装在一起

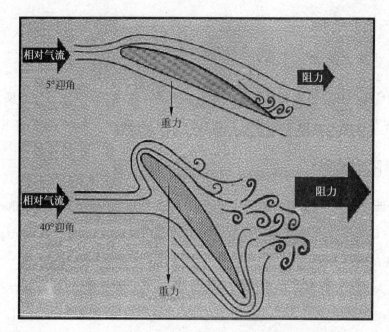

图 2-17　迎角大小与压差阻力的关系

时,将产生额外的阻力,也就是说,整体飞机的阻力将大于单独结构产生阻力之和。这种由于各部位气流之间的相互干扰而产生的额外阻力,称为干扰阻力。

为尽量减小干扰阻力,在设计时需充分考虑各部位的安装位置及结合的平滑程度,避免流管截面积的剧烈变化,使结合部位尽量流线化,能够最小化干扰阻力,而这种方法称为整流。

2. 诱导阻力

废阻力与黏性有关,而与黏性无关却与升力有关的阻力是诱导阻力,又称为升致阻力。而诱导阻力的产生又与翼尖涡有关。诱导阻力是三维机翼在产生升力时伴随产生的一种阻力,无论有无黏性,只要产生升力,就会产生这种阻力,不产生升力则无此种阻力,是产生升力必须付出的代价。

2.4.2　阻力特性

1. 阻力公式

飞机的阻力与飞行动压 $1/2\rho v^2$,阻力系数 C_D 及机翼面积 S 有关。

$$D = (1/2\rho v^2)C_D \cdot S$$

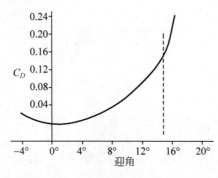

图 2-18　阻力系数曲线

阻力系数曲线如图 2-18 所示,阻力系数随迎角的增大在持续增大。不过在较小迎角,阻力系数增大缓慢,随迎角增大,增大的速度变快,当超过临界迎角,急速增大。

2. 阻力与速度

在中小迎角范围,阻力系数随迎角增大而缓慢增大,飞机阻力主要为摩擦阻力。

在迎角较大时,阻力系数随迎角增大而较快增大,飞机阻力主要为压差阻力和诱导阻力。

在接近或超过临界迎角时,阻力系数随迎角的增大而急剧增大,飞机阻力主要为压差阻力。飞机平飞,废阻力与空速的平方成正比,诱导阻力与空速的平方成反比。当速度小于最小阻力速度 v_{MD},随着速度的减小,诱导阻力增大,总阻力增大,当空速降低到接近失速速度或增大至最大速度时,总阻力更大;当速度大于最小阻力速度 v_{MD},随着速度的增大,废阻力增大,总阻力增大。因为在较小速度或较大速度下,废阻力与诱导阻均有所增加。如图 2-19 所示,当废阻力与诱导阻力相等时,总阻力达到最小。此时所对应的速度称为最小阻力速度 v_{MD} 或有利速度 v_E。阻力最小时,克服阻力所需要的拉力也是最小的。

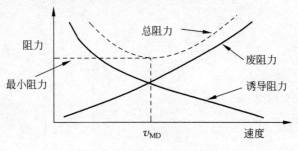

图 2-19　总阻力与速度的关系

习　题

简答题

1. 大气的组成有哪些？

2. 大气是如何分层的？民用飞机一般在哪个层飞行？

3. 随着高度增加，大气温度、压强、密度如何变化？

4. 标准大气的各个参数如何？

5. 什么是 ISA 偏差？

6. 什么是黏性？

7. 如何理解定常流连续性方程？

8. 简单解释飞机主要升力是如何产生的。

9. 升力公式是什么？解释各个影响因素。

10. 简述阻力的分类，并解释各个阻力的产生原因。

自　测　题

第 3 章

飞机飞行性能

飞机飞行性能，又称"飞行性能"或"飞机性能"，是指主要研究飞机质心移动规律的各项参数，包括飞机的速度、高度、飞行距离和时间、起飞、着陆、机动飞行等性能。这些具体性能也可合并成一些表示飞机特定飞行阶段的综合性能。对于运输机，主要的飞行性能有起飞、爬升、巡航、下降、等待和着陆性能。通过对这些飞行阶段性能计算的分析，确定出既保证飞行安全又有较好经济效益的飞行参数值，如起飞速度、允许的最大起飞重量和着陆重量、最省油或成本最低的爬升、巡航、下降速度和巡航高度，以及为制订飞行计划，提供上述各飞行阶段的飞行时间和燃油消耗量等。通常飞机制造厂在所提供的飞行手册、使用手册或相应的计算机程序中，给出经飞行验证的上述各飞行阶段的飞行性能，供航空公司使用和参考。飞机飞行性能是评价飞机的主要内容之一，也是分析该机型是否符合所飞航线的主要依据。

飞机飞行性能按侧重点不同又分为低速性能和高速性能两大类。低速性能，包括起飞和着陆，分析重点主要在保障飞行安全，高速性能包括爬升、巡航、下降等，重点在提高经济效益。

3.1　低　速　性　能

飞机的起飞和着陆是实现一次完整的飞行必不可少的两个环节，起飞着陆性能的好坏甚至影响到飞机能否执行及顺利完成正常飞行任务。

飞机由地面向空中飞行的阶段，即从松刹车点开始滑跑到离开地面，爬升至起飞航迹结束点为止的运动过程称为起飞。飞机在起飞阶段飞行高度很低，遇有特殊情况回旋余地很小，加以近地面常有风切变，因此，飞行事故常见于起飞阶段。飞机的起飞过程如图 3-1 所示，包括两个阶段：起飞段（或起飞场道段）是起飞地面滑跑阶段和加速上升到安全高度(对运输类飞机为 10.7m 或 35ft)阶段;起飞飞行段(或称为起飞航道段)是从起飞段结束点到高于起飞表面 450m 或 1 500ft,或完成从起飞到航路形态的转变并达到起飞最后速度的一点。

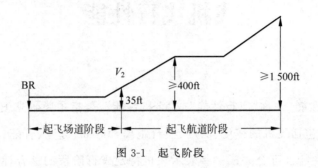

图 3-1 起飞阶段

进近着陆阶段是飞机从进近高度(450m、1 500ft)下降过渡到接地滑跑直至完全停止的整个减速运动过程。飞机着陆一般分进近下降、下滑、拉平、着陆滑跑等阶段。

3.1.1 起飞性能

起飞性能计算的目的是保证飞机的起飞安全和提高经济性,计算的内容主要是针对具体的机型、气象和机场情况确定最大允许的起飞重量(maximum takeoff weight,简称 MTOW),以检查实际起飞重量,确定要求的起飞推力大小,并针对实际起飞重量求出主要的起飞速度(特别是 V_1、V_R、V_2),以保证起飞飞行安全并达到预期的起飞性能。其中和装载配平关系最密切的是确定最大允许起飞重量。

飞机实际起飞重量,也叫松刹车重量,及其对应的起飞速度应满足下列各项限制要求,即下列所有限制要求中的最小重量就是飞机的最大允许起飞重量,实际起飞重量应小于或等于该重量。

1. 结构强度限制/审定重量

飞机结构强度限制的重量是按照空中结构抗荷标准和垂直速度为 -1.83m/s 着陆冲击时起落架及飞机结构的强度要求确定的最大允许起飞重量,或者是飞机制造厂家提供的审定最大允许起飞重量。

2. 场地长度限制

考虑起飞场道阶段,即飞机从松刹车点到离地 10.7m 的起飞距离。

场地长度限制的重量是在具体机场条件、大气、飞机构型情况下,考虑全部发动机正常工作和一台关键发动机故障时,可用场地长度满足起飞要求[TOD(起飞距离)≤TODA(可用起飞距离)、TOR(起飞滑跑距离)≤TORA(可用起飞滑跑距离)、ASD(加速停止距离)≤ASDA(可用加速停止距离)]所确定的最大允许起飞重量。

3. 爬升梯度限制

考虑一台关键发动机故障情况下,起飞航道阶段中各段爬升总梯度,特别是第二爬升段的总梯度要求能够达到一个最小爬升梯度,该梯度要求就对应一个飞机重量,即爬升梯度限制的最大起飞重量。注意:爬升梯度是按静止大气计算的。CCAR25 部规定各段应达到的爬升梯度如表 3-1 所示。

表 3-1　起飞爬升梯度要求值

	第一段	第二段	第四段
双发飞机	正梯度	2.4%	1.2%
三发飞机	0.3%	2.7%	1.5%
四发飞机	0.5%	3.0%	1.7%

4. 超越障碍物限制

考虑一台关键发动机故障情况下,飞机能安全越过起飞净空区的所有障碍物,即飞机净航迹必须至少以 10.7m 的高度差越过障碍物,该条件对应的机重即越障限制的最大起飞重量。

5. 轮胎速度限制

飞机在起飞滑跑中,机轮高速转动,为防止转动过快时,离心力过大,轮胎因张力过大而破坏,对轮胎规定了最大允许使用地速,该速度是轮轴的地速,即飞机的地速,该速度除以机轮半径即机轮转数,根据飞机起飞离地速度不超过该轮胎限制速度,可得到轮胎速度限制的最大起飞重量。

6. 刹车能量限制

飞机在中断起飞时要使用刹车减速,为防止刹车装置吸收的能量过多,损坏刹车,对刹车装置有最大刹车能量限制,根据其限制,对于不同的飞机重量,都有一个相应的限制速度 V_{MBE}。起飞中使用刹车的最大可能速度是中断起飞时达到的 V_1,V_1 应不大于 V_{MBE},在此条件下确定的起飞重量称为刹车能量限制的最大起飞重量。

7. 地面最小操纵速度 V_{MCG} 限制

地面最小操纵速度 V_{MCG},是关键发动机突然发生故障时,仅使用气动主操纵面和正常的操纵力下,飞机偏离跑道中心线不超过 9m、用正常的驾驶技巧能恢复对飞机的操纵、维持直线滑跑并安全地完成继续起飞的最小速度。$V_{1(MCG)}$ 是关键发动机在 V_{MCG} 时发生故障,1s 后所达到的速度。为保证一发失效后继续起飞时地面滑跑的操纵可靠性,V_1 应不小于 $V_{1(MCG)}$。在此条件下确定的起飞重量为地面最小操纵速度限制的起飞重量。

8. 跑道强度限制

跑道强度限制的起飞重量是由机场跑道道面的承载能力确定的允许起飞的飞机最大重量。采用 ACN(飞机等级号)与 PCN(道面等级号)评价道面等级、确定道面限制的飞机起降重量时,为了能长期、反复在跑道上起降而不损坏该跑道,要求飞机对该跑道的 ACN≤PCN。运行中偶尔出现的 ACN 大于 PCN 的情况需满足下列准则:

(1) 对柔性道面,ACN 不超过所报告的 PCN 值 10% 的航空器的偶然起降不会对道面有不利影响;

(2) 对刚性道面或以刚性道面层作为结构主要组成部分的组合道面,ACN 不超过所报告的 PCN 值 5% 的航空器的偶然起降,不会对道面有不利影响;

(3) 如果道面结构不清楚,则应采用 5% 的限度;

(4) 年度超载起降架次应不超过年度总的航空器起降架次的约 5%;

(5) 当道面呈现破损迹象或其土基强度减弱时,不允许上述超载运行。

注:若道面强度受明显季节变化影响,可能会报告几个不同的道面等级号(PCN)。

3.1.2 着陆性能

着陆计算的内容主要是针对具体的机型、气象和机场情况确定最佳进近襟翼/着陆襟翼角度、最大允许着陆重量、跑道入口速度、进近爬升速度、着陆爬升速度、所需着陆距离、实际着陆距离、快速过站限制重量等参数。

飞机最大允许着陆重量应满足下列各项限制,即由下列各项限制确定的着陆重量中最小的一个就是最大允许着陆重量,实际着陆重量应小于或等于该重量。

1. 结构强度限制

为了保证在着陆时飞机的结构,特别是起落架系统及其与机身联接的相关结构

不受损伤,所规定的最大着陆机重,该重量是按照飞机在该机重时以垂直速度为
-3.05m/s着陆接地时起落架及相关结构的强度要求确定的。

2. 场地长度限制

图 3-2 中干跑道计算着陆距离 D 也称为演示验证距离,是人工驾驶着陆、人工
最大刹车、以 V_{REF} 速度、15m(50ft)高进跑道、按标准大气温度、无坡度计算的从跑
道入口到全停时用的距离,干跑道的所需着陆距离 $D_{RD}=D/0.6≈D×1.67,67\%$ 的
裕量用于考虑进跑道入口时的高度、速度的误差、驾驶技术的差异以及机场的气温
高于 ISA、跑道坡度等因素的影响。湿跑道所需着陆距离 $D_{RW}=D_{RD}×1.15$。自动
着陆时从跑道入口到接地点的距离比人工驾驶着陆时要更长一些,自动着陆的所需
着陆距离比人工驾驶着陆的所需着陆距离长。场地长度限制的着陆重量是根据已
知机场/跑道情况及大气状况、飞机构形等条件按可用着陆距离等于所需着陆距离
确定的最大允许着陆重量。

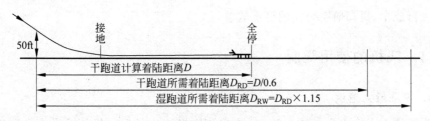

图 3-2　着陆距离

3. 进近爬升梯度限制

在一台关键发动机停车、进近襟翼位置、起落架收上的情况下,以起飞推力、速
度 $V≤1.4V_{slg}$,复飞爬升梯度满足表 3.2 中要求的着陆重量为进近爬升限制着陆
重量。

表 3-2　进近复飞爬升梯度要求值

双发飞机	2.1%
三发飞机	2.4%
四发飞机	2.7%

4. 着陆爬升梯度限制

在着陆襟翼位置、起落架放下的情况下,按油门推到复飞位置8s后的推力、以≤

$1.23V_{\text{S1g}}$ 的速度复飞、全发爬升梯度达到 3.2%（无论飞机发动机台数）的要求确定的重量为着陆爬升限制重量。

5. 跑道强度（承载能力）限制

为长期起降而不损伤跑道所限制的重量，一般可由飞机 ACN＝跑道 PCN 确定。

3.2　高 速 性 能

高速性能分析的目的是在保证飞行安全的前提下，通过选择合适的飞行方式来提高飞行的经济性。

民用飞机完成起飞之后到着陆之前的飞行属于高速飞行范畴，包括爬升、巡航、下降、等待等阶段，需要考虑飞机的飞行速度范围、航路障碍物限制、应急下降等安全问题。在保证飞行安全的前提下，选择合适的飞行速度和飞行高度层可以有效地降低飞行成本，提高航空公司的经济效益。

3.2.1　飞机的使用限制

1. 平飞最大速度

为了防止飞行中飞机速度过大，造成结构损坏或降低飞机的操纵性和稳定性，对每种机型规定了最大限制使用速度（$V_{\text{MO}}/M_{\text{MO}}$）、襟翼展态速度（$V_{\text{FE}}$）和起落架收放限制速度（$V_{\text{LO}}/V_{\text{LE}}$），这些速度通常在飞机飞行手册或飞行机组使用手册中的飞机审定限制中给出。

当飞机在高温地区进行高高度、高速巡航时，要考虑发动机推力对最大飞行速度的限制（即飞机阻力不能超过最大巡航推力）。

2. 平飞最小速度

平飞最小速度即飞机能维持正常、稳定平飞的最小速度。主要考虑以下两方面限制：失速限制（低高度），推力限制（高高度）。高度越高，推力越小。

飞机的最小平飞速度应是以上限制中最大的一个。为防止飞机意外进入失速，波音规定最小速度一般情况下不应当小于 $1.3V_{\text{s}}$，除非在飞机刚起飞时，规定 $V_2 = 1.2V_{\text{s}}$。由于在一般情况下，$1.3V_{\text{s}}$ 要大于稳定性限制的最小速度，故波音规定

$1.3V_\text{s}$ 为参考速度 V_ref。

3. 平飞速度包线

将最小速度、最大速度与高度的关系画在图上，即为平飞速度包线，见图 3-3。

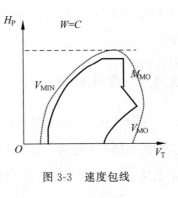

图 3-3 速度包线

4. 升限

升限是指飞机能进行平飞的最大飞行高度，此时爬升率为零。由于达到这一高度所需的时间为无穷大，故称为理论升限。随飞行高度增加，飞机爬升能力逐渐降低。因此飞机要爬到理论升限，需要无穷长的时间。在实际飞行中，规定飞机保留一定爬升能力的升限作为使用升限（一般为 300ft/min 的爬升率）。

在高度较高时，客舱外部大气压强很低，而客舱内部需要保持较大的大气压强，因此还应考虑飞机内外的压力差限制。如波音 757-200 飞机要求内外压差不大于 8.6lb/ft^2，即飞行高度（气压高度）不能高于 42 000ft。

3.2.2 航班飞行的经济性

每次航班飞行任务中涉及经济性分析最重要的阶段就是巡航阶段，其中燃油消耗又更加突出。航程是指飞机在固定油量的情况下所能达到的最远水平飞行距离，发动机的耗油率是决定飞机航程的主要因素。在一定的装载条件下，飞机的航程越大，经济性就越好。航时是指飞机耗尽其可用燃料所能持续飞行的时间。这一性能指标对于飞机完成等待飞行任务时最重要，航时越长，等待时间就可以越长。

飞机总的飞行成本包括以下三部分。时间成本，即与飞行时间有关的成本，如飞行机组小时费、飞机定检维护费、飞机湿租费用等；燃油成本，即飞行中消耗的燃油的费用；固定成本，除上述两个成本以外的其他费用，如人员固定工资、贷款利息等，与飞行快慢无关。选择合适的巡航速度和巡航高度层可以使时间成本与燃油成本之和最小，从而使总成本达到最小，提高航空公司的经济性。

规定飞行中时间价格与燃油价格之比为成本指数 CI。输入的成本指数越大，飞机的飞行速度就越大。当输入 999 时，巡航时对应于最大巡航速度（低高度用

VMO-10 节,高高度用 MM0-0.02);输入的成本指数越小,飞机的飞行速度也越小。当输入 0 时,巡航时对应于最省油的巡航速度或称为最大航程巡航速度(MRC 速度)。

3.2.3 爬升性能

从起飞航迹结束点到巡航高度是民航飞机主要的航路爬升段。爬升性能用爬升梯度和爬升率这两个参数来表述,主要关心爬升过程中水平距离、爬升时间和燃油消耗三个量的大小。

1. 爬升参数

爬升率:飞机爬升速度在垂直方向上的分量(即垂直速度大小),与剩余功率成正比,与机重成反比。爬升率与水平风无关。在其他因素一定的情况下,爬升率越大,爬到一定高度所需时间越短。

爬升梯度:飞机在爬升过程中经过的垂直高度变化与水平距离变化之比,与剩余推力成正比,与机重成反比。顺风减小爬升梯度,顶风增加爬升梯度。在其他因素一定的情况下,爬升梯度越大,爬到一定高度所需水平距离越短。

2. 对爬升速度的限制

为便于飞行员操纵,通常采用等表速/等马赫数爬升,在转换高度以下用等表速爬升,在转换高度以上用等马赫数爬升。具体速度的选择依据要求选定。

为便于飞机指挥,空管部门通常规定,飞机在 10 000ft 以下飞行时表速不能超过 250 节,除非该飞机在 250 节的表速下安全性无法得到保证。

3. 常用的爬升方式

1) 最大爬升梯度爬升

对应于升阻比最大时的爬升方式。此时爬升梯度最大,经过的水平距离最短,有利于越障。

2) 最大爬升率爬升

爬升率最大,此时爬升时间最短,有利于较快达到规定高度,释放空域,减少对地面的噪声影响。

3）最"经济"爬升

最"经济"爬升特指燃油消耗最少的爬升方式,在燃油价格高的时期,经济性好。

4）最低成本爬升

根据公司的飞行成本指数,按总飞行成本最小确定爬升速度。成本指数越大,爬升速度也越大。

3.2.4　巡航速度的选择

巡航性能主要研究飞机从爬升顶点到下降开始点之间的平飞巡航性能。选择合适的巡航速度和高度可以有效地提高巡航的经济性。主要关心完成一定飞行任务所需的飞行时间、距离和燃油。

1. 性能参数

燃油里程:飞机消耗单位油量,所能飞的水平距离(空中或地面)。在巡航距离一定的情况下,燃油里程越大,耗油越少。

燃油流量:飞机单位时间的耗油量。在巡航时间一定的情况下,燃油流量越小,耗油越少。

关系:燃油流量与燃油里程之乘积为飞机的飞行速度(真空速)大小。

2. 常用的巡航方式

在遵守空中交通管制的要求下,保持等高度巡航时可以选择以下几种巡航速度。

1）等马赫数巡航

在飞行中选择比较理想的一个固定马赫数,并保持不变。

2）MRC(最大航程)巡航

选择燃油里程最大所对应的速度进行巡航。从理论上讲,此时消耗一定燃油所飞距离最远。但由于该速度接近反常操纵区,在实践中极少使用。

3）LRC(远程、长航程)巡航

用最大燃油里程的 99% 所对应的较大马赫数进行巡航。此时燃油里程虽然损失了 1%,但由于速度增加较多,飞机的操纵性和稳定性比较好,同时又可以节约飞行时间,所以远程巡航是既省油、飞行品质又好的巡航速度。

4）经济巡航马赫数

从最低成本考虑,要确定出对应于总成本(燃油成本和时间成本)最低的速度,称经济巡航马赫数或最低成本巡航马赫数。顶风使巡航马赫数增大,顺风则减小(波音使用手册没有考虑风修正,空客 FCOM 考虑了对风的修正)。成本指数越大,巡航马赫数也越大;当 CI=0 时,$M_{经济} = M_{MR}$;当 CI=CI_{max} 时,$M_{经济} =$ 最大速度,通常用 $M_{MO}-0.02$,或 $V_{MO}-10kt$。

5）等待飞行

在目的地机场或备降场上空,由于空中交通管制或气象等原因,需要做跑马场型的等待飞行,等候进近着陆指令。

等待飞行速度的确定原则是消耗单位燃油以得到最长的等待时间,所以应选用最小燃油流量时的速度,但因该速度的操纵性和稳定性不好,通常可用稍大一些的最大升阻比速度作为等待速度,此外还要考虑空中交通管制的要求。

3.2.5 巡航高度层的选择

巡航高度的选择要提高巡航阶段的经济性,也要考虑各方面的限制,保障安全。

1. 最佳高度

对于经济巡航方式,最佳高度对应于在一定成本指数下,总飞行成本最小的高度;对于等待飞行,则对应于燃油流量最小的高度;而对于其他巡航方式,则对应于燃油里程最大的高度。

最佳高度随飞机重量减小而增大,随飞行马赫数增大而增大。当飞机的实际飞行高度层偏离最佳高度时,会导致燃油消耗大大增加。

2. 风对最佳高度的影响

在最佳高度飞行时,如遇到不利的逆风,而在某个非最佳高度上,逆风较小或是顺风时,应综合考虑是否需要改到非最佳高度上巡航。

非最佳高度上使飞机的航程与最佳高度上的航程相等的风速叫得失相当的风。只有在非最佳高度上的实际风向风速相比于得失相当风更有利时,才可以考虑改变飞行高度,因为从一个高度改飞到另一个高度也会额外消耗一些燃油。

3. 推力限制

在高温时,由于推力减小,从而限制飞机可能飞行的高度。

当给定机重时,温度增加,推力减小,使平飞马赫数减小,当给定机重和马赫数时,温度增高,推力减小,而为了维持支承机重的升力,在其他条件不变时(如迎角),只有通过降低高度增大空气密度来增大升力,同时高度降低,推力也有一定增大。

4. 过载能力限制

飞机在平飞时升力等于机重,当保持高度作机动飞行时,由于飞机倾斜,要求升力大于机重,也即要求增大升力系数,增大迎角。在低速时,迎角过大易引起飞机失速,高速时,压缩性效应在机翼上表面产生激波,当马赫数或迎角增大到一定程度,气流在波后从翼表面上分离,也诱发类似低速的抖振。通常要求飞机在巡航高度层上至少保持 1.3g 的机动过载能力。

5. 航程限制

对于航程较短的巡航,如改航备降段,可能会受到爬升和下降所需距离的限制,通常规定至少要维持一定时间(空客规定 5min,波音 1min)的平飞巡航,此时会限制到飞机的巡航高度。

6. 空中交通管制的限制

为保证飞行安全,防止危险接近和相撞,飞机只能在规定的高度层飞行,但是从性能分析选定的飞行高度不一定正好在空管部门指定的飞行高度层上,所以要向空管部门尽量争取选择相近的飞行高度层巡航。

7. 阶梯巡航

最理想的巡航高度是随燃油消耗、机重减轻而改变巡航高度,但这是空中交通管制所不允许的。对于远程飞行,为改善巡航的经济性,可以采取阶梯爬升巡航的飞行方法。

巡航高度选择应尽可能地接近最佳高度,综合考虑上述限制,在飞机高度层间隔规定范围内选取。

3.2.6　下降性能

主要分析飞机从巡航终点到进近开始点的下降过程中飞机的性能问题。在下降阶段发动机一般处于慢车推力状态,推力大小可以忽略。

1. 下降参数

下降率:飞机下降速度在垂直方向上的分量(即垂直速度大小)。主要与飞机阻力和速度成正比,与机重成反比。

下降梯度:飞机在下降过程中经过的垂直高度变化与水平距离变化之比,与升阻比成正比。顺风减小下降梯度,顶风增加下降梯度。在其他因素一定的情况下,下降梯度越大,下降到一定高度所需水平距离越短。

2. 正常的下降方式

1) 等马赫数/等表速下降

在对流层以上是等马赫数(等真空速)下降;从对流层顶到转换高度按等马赫数下降,这一段是加速下降,转换高度以下是按等表速下降,这一段是减速下降。与爬升类似,通常空管部门会要求飞机在 10 000ft 以下飞行时,表速不能超过 250 节,除非该飞机在 250 节的表速下安全性无法得到保证。

2) 最小梯度下降

以最大升阻比速度下降,下降梯度最小,主要用于航路上一发停车时,可使下降改平高度高一些,在一定高度开始下降时,可以飞行更远的距离。

3) 经济下降速度

速度较小时,下降耗油少,通常飞机使用手册给出一种低速下降性能,对应较小油耗的下降。

4) 最小成本下降速度

按成本指数计算出的下降速度,其成本最低,通常可用机载性能计算机算出。

3. 应急下降

在客舱增压出故障时,由于供氧限制,要尽快下降到不需供氧的安全高度以下(10 000ft),为此要用最大下降率下降,其对应速度是最大使用速度(V_{MO})和最大使用马赫数(M_{MO})。

同时为增大下降率,还要打开减速板,有时也可放出起落架(起落架放出时,对最大速度有限制,为此要减小下降速度,可能导致下降率减小,应综合考虑)来增大飞机阻力。

4. 穿越颠簸气流的速度

穿越颠簸气流时,速度过大会引起过大的过载,过小则可能造成失速,机型的使用手册中给出可用的穿越颠簸气流速度。

5．客舱高度的下降与二次增压

下降过程中，客舱内压力（高度）也相应变化，必须在着陆时使舱内外压力相同或相差不大。但要考虑到满足座舱结构的强度刚度对舱内外压力差的要求，乘客能长时间承受的压力变化率，以及通常不应大于 350ft/min 的客舱下降率。

一旦客舱下降时间比飞机下降时间长，就需要延长飞机下降时间（即二次增压），此时可以在高空增大发动机的推力以减小飞机的下降率，如图 3-4 所示。

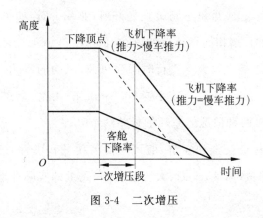

图 3-4　二次增压

6．下降开始点的确定

下降开始点的选择应适中。如果太早，则飞机需要长时间的低空飞行，耗油较多；若太晚，则会导致飞机下不来或不易做好进近准备。

3.3　飞　行　计　划

为了安全有效地使用飞机，获得高收效益，应该事先做出飞行计划，这样可以避免多加不必要的油量和因此造成的减载。

飞行计划最基本的内容是针对每一航班算出允许的最大业载、轮挡油量、备份油量、起飞总油量、轮挡时间等各项数据，详细的飞行计划还应算出到达各航路点的时间、所消耗的油量（或剩余油量）、在各航路点的速度、航向等。

首先，飞机的飞行重量大，飞机的小时燃油消耗量是随飞机重量变化的。对于活塞式飞机，如伊尔-14，小时耗油量为每小时 400kg，按 3.5h 的航程计算共耗油 1 400kg，如起飞重量为 19t，则从起飞到着陆，飞机重量的变化量仅占起飞重量的 7%。

对于 B737 喷气式飞机飞行同样的航程将耗油约 8 750kg，按 56t 起飞重量计算，则飞行重量变化近 16%。而对于远程飞行的情况，如 B747SP，从旧金山到上海飞行 13h，耗油约 130t，以 315t 起飞重量计算，飞行中重量变化达 41%。可见，喷气客机飞行重量的变化远大于活塞式小飞机飞行重量的变化，而且不成线性关系。

其次，每次航班的业载变化也大。它与季节等因素有关，因而各次航班飞行的飞行重量可能有较大差别。仍以 B747SP 为例，从旧金山至上海，乘客多时可达最大可用业载 250 名乘客，起飞重量达到最大允许值，业载少时，如按 60 名乘客计，两种情况起飞重量差约 24t，按相同飞行条件，耗油量相差约 6t。

最后，航路风的影响也很大。飞行时间受风速、风向的影响，仍以旧金山至上海为例，遇到大逆风（60nm/h）时，与较小逆风（20nm/h）相比，全程飞行时间相差大约 1h，对于 B747SP 飞机两种情况的总耗油量差约 10t。

综上所述，为了保证安全和经济，航班燃油消耗量和飞行时间的计算必须按每次飞行的实际气象预报（风速、风向、大气温度）和飞机的实际业载进行，才能确定合理的燃油量。

3.3.1　燃油政策

飞机必须携带足够的可用燃油以安全地完成计划的飞行并从计划的飞行中备降。CCAR121 燃油政策如图 3-5。

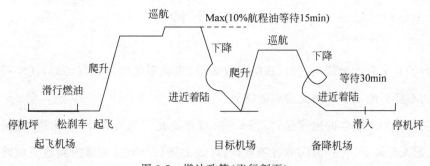

图 3-5　燃油政策（飞行剖面）

飞行前对所需可用燃油的计算必须包括：

（1）滑行燃油。起飞前预计消耗的燃油量。

（2）航程燃油。考虑运行条件，允许飞机从起飞机场或从重新签派或放行点飞到目的地机场着陆所需的燃油量。

（3）不可预期燃油。为补偿不可预见因素所需的燃油量。根据航程燃油方案使用的燃油消耗率计算，它占计划航程燃油的 10%，但在任何情况下不得低于以等待速度在目的地机场上空 450m（1 500ft）高度上在标准条件下飞行 15min 所需的燃油量。

（4）备降燃油。飞机有所需的燃油以便能够：在目的地机场复飞；爬升到预定的巡航高度；沿预定航路飞行；下降到开始预期进近的一个点；在放行单列出的目的地的最远备降机场进近并着陆。

（5）最后储备燃油。使用到达目的地备降机场，或者需要目的地备降机场时，根据到达目的地机场的预计着陆重量计算得出的燃油量，对于涡轮发动机飞机，以等待速度在机场上空 450m（1 500ft）高度上在标准条件下飞行 30min 所需的油量。

（6）酌情携带的燃油。合格证持有人决定携带的附加燃油。

上述要求是常规飞行情况下的燃油政策，还有其他特定情况下燃油的要求，在这里不再说明。

每次航班常规情况下是从起飞机场直接飞到目标机场，那么消耗掉的燃油就称为轮挡油量，所以轮挡油量的计算为：轮挡油量＝航程油量＋开车滑出油量＋滑入油量，大部分计算时会将滑出和滑入统一计算为一个滑行油量，不具体细分。故轮挡油量＝航程油量＋滑行油量。

其他大概率不会被消耗掉的燃油，只是作为备份，以应付可能的特殊情况，作为安全保障，称为备份油量，备份油量＝不可预期燃油＋备降油量（改航油量）＋最后储备燃油（等待油量）＋酌情携带的燃油（公司备份油）。

起飞总油量（即停机坪油量）＝轮挡油量＋备份油量。

3.3.2　限制条件及图表

在前面的性能分析中，确定了各机场的最大允许起飞或着陆重量，在飞行计划计算中应满足下述限制和要求：

（1）起飞重量≤起飞机场的最大允许起飞重量。

（2）在目的地机场及备降机场时的着陆重量≤目的地机场及备降机场允许的最

大着陆重量。

（3）无燃油重量≤最大无燃油重量。

（4）起飞总油量≤油箱最大重量。

如不能满足上述要求中的任何一项，则应减少业载，直到满足上述限制要求为止。

飞行计划的计算有两种方法，使用计算机软件计算和利用图表的简化飞行计划计算。详细的计算方法，工作量大，通常要借助于计算机来完成。此外，飞机的使用手册中还提供一套简化飞行计划计算的曲线或表格。

飞行计划表是供机组人员完成航班飞行时使用的，所以在确定表的内容和形式时应考虑以下几点。

（1）应有统一的规划，规定必需的内容和基本格式，并由各航空公司根据本公司具体情况和要求补充确定。

（2）内容的取舍主要应由执行飞行任务的机组人员确定，以利于飞行。

（3）内容应精简扼要。

直接供机组人员使用的飞机计划表，主要由以下几个部分组成。

（1）飞行计划的标题，包括日期、机型、航班号、机号及机长姓名。

（2）飞行资料，主要包括飞行速度、巡航高度及飞行距离。

（3）飞机重量数据。数据的第一部分包括起限制作用的重量，如最大允许起飞重量，最大允许着陆的重量，最大无油重量……这些是用作确定实际起飞重量、业载、着陆重量的限制。第二部分是飞行计划计算出的航班飞行、去备降机场、等待备份、应急备份的燃油消耗量和飞行时间以及起飞油量、滑行油量等。第三部分是计划的起飞重量、着陆重量、业载、无燃油重量。

（4）备降资料。给出有关备降机场的数据，如备降机场名称，距着陆机场的距离，备降飞行的高度和速度，备降飞行航线上的风分量和备降飞行所需的时间和燃油消耗量。

（5）航行数据。航行数据主要有航路点名称、各导航台频率、航线代号、各段飞行高度、各航路点的经纬度、各段的磁航迹、地面距离及飞行所需的时间和燃油消耗量。

（6）航路上的气象资料。如风速、风向和大气温度等。

习　题

简答题

1. 性能分析分为哪两大类，各自包括哪些飞行阶段？

2. 起飞过程分为几个阶段，起止点分别是什么？

3. 起飞性能计算的内容是什么？

4. 飞机的最大允许起飞重量考虑的 8 个限制是什么？

5. 飞机的最大允许着陆重量考虑的 5 个限制是什么？

6. 为便于飞行员操纵，现代民航通常采用什么爬升速度，常用的爬升方式有哪几种？

7. 经济巡航是最常用的巡航方式，请说明成本指数与巡航马赫数的关系。

8. 巡航高度的选择要考虑哪些因素的限制？

9. 请说明飞行计划的内容。

10. 飞行计划所需燃油的计算包括哪些油量，即 CCAR121 部燃油政策是什么？

自　测　题

第 4 章

飞机的重量

装载平衡工作的重点之一就是保证飞机的重量不超过规定的最大重量,飞机的重量包括很多部分,要了解清楚各重量的概念以及之间的关系,其中业载重量是最重要的部分,要科学有效地控制好飞机的载量,确保飞机载量的"最优化",提高民航运输企业的运营效益。

4.1 飞机的基本重量及其之间的关系

1. 空机重量(manufacture's empty weight,MEW)

空机重量简称空重,是指厂商空机重量加上标准项目重量,即结构重量、动力装置重量、固定设备重量、油箱内不能利用或不能放出的燃油重量、润滑油重量以及散热器降温系统中液体重量的总和。

标准项目包括:不可用燃油、滑油;不可用饮用水、污水;救生箱、麦克风等;应急氧气设备;厨房、操作台、插件等;客户选装的电子设备。

MEW 重量是出厂后飞机配备一系列动力装置和不可用油量、液体以及客户化选装的设备等的重量,并不包含运行中需要的服务设备以及机组、配餐等基本重量,所以 MEW 重量不会运用到配载的计算中。

2. 基本重量(basic weight,BW)

基本重量简称基重,是指除业务载重量和燃油重量以外的飞机重量,是空机重量与使用项目之和,即空机重量、附加设备重量、标准机组及其随身携带的物品重量、服务设施及供应品以及其他按规定应计算在基本重量之内的重量的总和。

BW 是舱单计算的第一步,每架飞机 BW 是固定的。BW 是指除商务载重(旅客、行李、货物、邮件)和燃油外飞机做好执行飞机飞行任务准备的飞机重量,是计算飞机操作重量、实际起飞重量、无油重量、落地重量以及最大载量和剩余业载等的起始数值。

3. 干使用重量（dry operating weight，DOW）

干使用重量是指在飞机的基本重量上增减设备及服务器具、机组人员及其行李、随机器材等重量后的变动基本重量（不包括放在货舱运输且已计入货舱重量的航材）。

手工舱单中的第二步计算，由 BW 修正非标准机组、配餐、担架或压舱油后的重量。

注意，部分机型手工舱单中，因表述不同，将 BW 定义为 DOW 时，DOW 则定义为 ADJ. DOW（修正后的干使用重量），只是表述方式不同，重量的含义相同。

4. 操作重量

操作重量是指干使用重量（DOW）与起飞油量的合计数。

5. 无油重量（ZFW）

无油重量是指干使用空重与当班全部业载之和，即实际无油重量。

6. 滑行重量（TW）

滑行重量指当班飞机滑行时的全部重量，包括滑行所需用油，即实际滑行重量。

7. 起飞重量（TOW）

起飞重量是指当班飞机的无油重量与飞机起飞时携带的燃油重量之和，即实际起飞重量。起飞重量与滑行重量的差异是滑行过程中消耗的滑行油量。

8. 着陆重量（LW）

着陆重量是指当班飞机的起飞重量与航线耗油量的差，即实际着陆重量。

9. 最大滑行重量（maximum taxi weight，MTW）、最大起飞重量（maximum take-off weight，MTOW）、最大着陆重量（maximum landing weight，MLW）、最大无油重量（maximum zero-fuel weight，MZFW）

分别是指适航标准和结构强度限定的最大滑行、起飞、着陆、无油重量。

一般在结构限制重量之下所有飞机都有由制造厂商根据其性能、结构强度等因素规定的重量极限，实际重量不可超过对应的最大重量。

上述概念的关系如下：

$$DOW = BW + 非标准机组\backslash配载修正$$

实际 MTOW 是下列 A、B、C 中最小值：A 是受最大无油重量限制的 MTOW：MZFW＋Take-off Fuel(起飞油量)，B 是受飞机结构重量限制或机场条件限制的 MTOW，C 是受最大落地重量限制的 MTOW：MLW＋Trip Fuel(航程油量)。

$$ZFW＝DOW＋Total\ Traffic\ load(总业载)$$
$$TOW＝ZFW＋Take-off\ Fuel$$
$$TW＝TOW＋Taxi\ Fuel(滑行油量)$$
$$LW＝TOW-Trip\ Fuel$$

4.2 业 载 计 算

最大业务载重简称最大业载，是执行航班任务的飞机可以装载的旅客、行李、货物、邮件的最大重量。

计算出飞机的最大业载重量和实际业载重量后，就可以知道航班的剩余业载有多少，如果还有旅客要求乘坐本次航班或者还有货物需要搭载在本航班，则可以适当地接受旅客和货物，最大限度地减少航班空载情况，提高飞机的利用率，进而提高运输的经济性。图 4-1 是配载单上业载计算表格，具体计算在第 7 章介绍。

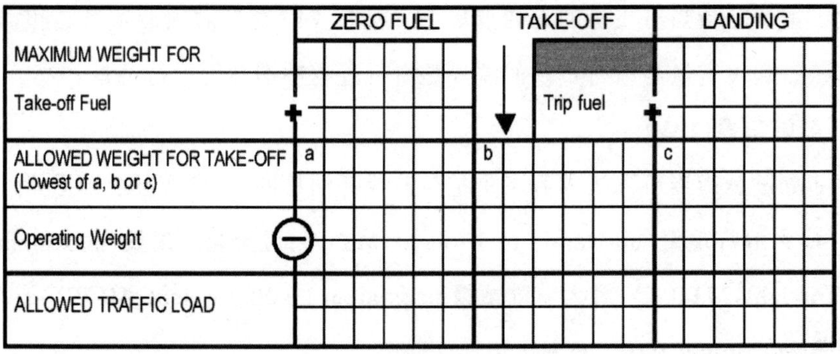

		ZERO FUEL			TAKE-OFF			LANDING		
MAXIMUM WEIGHT FOR										
Take-off Fuel	+					Trip fuel	+			
ALLOWED WEIGHT FOR TAKE-OFF (Lowest of a, b or c)	a			b			c			
Operating Weight	−									
ALLOWED TRAFFIC LOAD										

图 4-1　业载计算表

注：Allowed Traffic Lood 允许业载

4.2.1　通程业载

通程业载是指从航班始发站一直利用到航班终点站的最大业务载重量。通程业载直接关系到航班始发站的全程运输。直达航班始发站的最大业载就是通程业载。但对于多航段的航线而言,需要考虑到中途站的情况。

例 4.1

某航班,由上海经深圳至三亚,飞机在上海机场的最大业载为 18 000kg。飞机在深圳机场的最大业载为 16 000kg。通程业载即为从航班始发站上海,一直可运至三亚的业载,因此,应取上海与深圳机场最大业载量的最小值 16 000kg。(上海分配完通程业载后剩余的 2 000kg,只可安排在从上海到深圳航段)

上海————深圳————三亚

最大业载	18 000	16 000
通程业载	16 000	16 000
	2 000	

分配结果:上海————三亚 16 000kg,上海————深圳 2 000kg

通程业载是采用各站可用业载的最小值。如果航线采用这样的通程业载,深圳则没有可利用的载量,这是非常不合理的情况。一般在多段的航线通航之前,各相关航站、航空公司都会根据市场的要求对各航段的座位、吨位、舱位等的控制达成航线的运输协议,经停站可以拥有固定的可利用的载量,这就是固定配额制。固定配额制是指配额站可以被保留的,能一直利用到终点站的载量。

例 4.2　利用例 4.1 的有关数据,设深圳有 4 000kg 的固定配额。

上海————深圳————三亚

最大业载	18 000	16 000
固定配额		4 000
	12 000	
通程业载	12 000	12 000
	6 000	

分配结果:上海————三亚 12 000kg,上海————深圳 6 000kg,深圳————三亚 4 000kg

除固定配额外,航线上经常有临时的载量需求,各航站之间通常采用索让制的办法,相互索让配额,是固定配额制的一种补充形式,除始发站外,索让的航站须从自己的配额中让出。

如上例中深圳临时需要更多的载量,向始发站上海另要 1 000kg 配额,那么上海——三亚 11 000kg,上海——深圳 7 000kg,深圳——三亚 5 000kg。

通程业载的计算,首先应调整配额,保证中途站固定配额数,并保证通程业载能小于或等于各站的剩余业载,才能使全线运输畅通。

4.2.2 过境业载

对于中途站而言,所有通过本站至前方站的业载为过境业载,或过站业载,中途站通过载重电报可得知过境业载的量。中途站的最大业载中扣除过境业载,才是本站可以利用的可用业载。

例 4.3 航线广州——珠海——厦门——上海

各站最大业载:14 700　15 000　14 900

如已知广州的业载为:广州——珠海 3 200kg,广州——厦门 5 000kg,广州——上海 6 500kg。

对于珠海而言:过境业载为广州——厦门 5 000kg,广州——上海 6 500kg,共 11 500kg。

则珠海的可用业载是 15 000－11 500＝3 500kg。

要注意过境业载是所有通过本站的重量。如果只是到达本站的载量则不是过境业载。

4.2.3 座位利用

每个航班座位分配的原理和吨位分配是一致的。在计算固定配额时,通常设定每个座位的分配量相当于 100kg 的载量。如 40 个座位可以按照 4 000kg 的配额进行计算。

例 4.4 上海到三亚全程 120 个座位,深圳有 40 个座位固定配额,则

上海——深圳——三亚

	上海——深圳	深圳——三亚
最大业载	120/18 000	120/16 000
固定配额(座位)		40/4 000
		80/12 000
通程业载	80/12 000	80/12 000

分配结果保证深圳有 40 个座位从深圳到三亚,上海有 80 个座位从上海到三亚,上海还能分配 40 个座位从上海到深圳。

习　　题

简答题

1. 试述飞机各重量的相互关系。

2. 计算实际最大起飞重量时应如何考虑?

3. CAA2196 航班,由上海经深圳至三亚,飞机在上海机场的最大业载为 17 155kg。飞机在深圳机场的最大业载为 16 295kg。求通程业载。

自　测　题

第 **5** 章

飞机的重心与平衡

装载平衡工作另一个重点是通过合理地分配旅客的座位、货物的舱位来有效控制飞机的重心位置,使飞机的重心处于适当的范围之内,即保证飞机的重心在任意时刻不得超出允许的范围。飞机的重心只有在安全的范围内,才能保证飞机的平衡,保证飞机具有良好的操作性和稳定性。

5.1 重心和坐标系

研究飞机的姿态变化、力矩效果及运动状态变化应建立机体坐标系。飞机飞行中无论何时改变飞行姿态和位置,都是围绕三个轴向的一个或者多个旋转,这三个假想轴相交通过飞机重心,每一个轴都和其他两个轴成 90°角。从飞机机头到尾翼沿机身长度方向扩展的轴称为纵轴,沿机头方向为正;垂直通过飞机重心且方向向上为正的轴称为立轴;沿机翼展向扩展的轴称为横轴,沿右侧机翼方向为正。三轴方向符合右手定则。如图 5-1 所示。

图 5-1　机体坐标系

描述飞机三个轴向运动的名字最初是航海术语。这三个术语被采纳作为空气动力学术语就是因为飞机和航船之间运动的类似性。

1. 重心（center of gravity，CG）

飞机重力是飞机自身、人员、货物及燃油等重力之和，重力作用集中到一点，该点即为飞机的重心。飞机在空中的运动，可总结为两大部分：飞机各部分随飞机重心移动与飞机各部分绕飞机重心的转动。重心是研究飞机运动及姿态，飞机平衡、操纵性及稳定性的关键。

2. 纵轴（longitudinal axis）

飞机沿机身纵轴的转动称为滚转（rolling）。

3. 横轴（lateral axis）

飞机沿机翼横轴的转动称为俯仰（pitching）。

4. 立轴（vertical axis）

飞机沿立轴的转动称为偏航（yawing）。

5.2　平　　衡

飞机的平衡是指所有作用在飞机上的力，包括升力、阻力、拉力及重力等之和等于零，各力绕飞机重心构成的诸力矩之和也等于零的飞行状态。因此飞机的平衡包括作用力平衡和力矩平衡两个方面。

飞机的运动是六自由度的运动，包括：①沿机身纵轴方向的前后运动；②沿机身立轴方向的高度变化运动；③沿机身横轴方向的偏移运动；④绕机身纵轴的滚转运动；⑤绕机身立轴的偏航运动；⑥绕机身横轴的俯仰运动。

通常，飞机的平衡是指飞机无沿三轴的加速度以及围绕三轴的角加速度，飞机的飞行状态保持不变。因飞机重心的移动与作用在飞机上的力平衡有关，而绕重心转动的角速度与各力矩的平衡有关，可从纵向平衡及侧向平衡两个方面进行研究。

纵向平衡是指：

$$\sum F_X = 0; \quad \sum F_Y = 0; \quad \sum M_Z = 0$$

其中，沿飞机纵轴方向的合力 $\sum F_X$ 为零；沿飞机立轴方向的合力 $\sum F_Y$ 为零；绕飞机横轴方向的合力矩 $\sum M_Z$ 为零。

侧向平衡是指：

$$\sum F_Z = 0 ; \quad \sum M_X = 0 ; \quad \sum M_Y = 0$$

其中，沿飞机横轴方向的合力 $\sum F_Z$ 为零；绕飞机纵轴方向的合力矩 $\sum M_X$ 为零；绕飞机立轴方向的合力矩 $\sum M_Y$ 为零。

5.2.1　力的平衡

飞机在空中飞行所受力为重力（weight）、升力（lift）、拉力或推力（thrust）、阻力（drag），以及平尾产生的附加空气动力，若所有的力的合力为零，认为此时飞机力平衡。

它们之间的关系有：作为有一定质量的飞机，必然受到重力 W 的作用，飞机为了能够离地或保持一定的高度不变，必然需要机翼所提供的升力 L 克服重力 W，为了产生升力 L，飞机需具备一定的速度，发动机的拉力或推力 T 能够做到这一点，同时运动的物体一定会受到阻力 D。简单来说，重力 W 越大，所需要的升力 L 越大；升力 L 越大，阻力 D 在通常情况下就会越大；阻力 D 越大，所需要的拉力或推力 T 越大。

飞机主要的四个力之间并不是孤立无联系的，它们之间是相互联系又相互制约的。因飞机上力的作用点不唯一，不可将飞机视为质点，因此必须研究各力围绕飞机重心的力矩的平衡情况。

5.2.2　力矩的平衡

力矩的平衡可从纵向和侧向两个角度分析，侧向又可从横侧及方向两个方面讨论。

1. 俯仰平衡

飞机的俯仰平衡是指俯仰方向围绕飞机横轴，飞机的各俯仰力矩之和为零，飞机保持迎角不变状态。

飞机纵向俯仰力矩主要有：机翼产生的俯仰力矩；水平尾翼产生的俯仰力矩；拉力（或推力）产生的俯仰力矩。获得俯仰平衡的条件为：

$$\sum M_Z = 0$$

1) 机翼产生的俯仰力矩

（1）方向：一般情况下机翼产生下俯力矩，如图 5-2 所示，因压力中心 CP 位于重心 CG 之后。但当重心 CG 后移较多且迎角过大时，则可能产生上仰力矩。

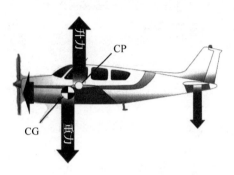

图 5-2　压力中心 CP 与重心 CG

升力的作用点压力中心 CP，位于重心 CG 之后，则升力产生的力矩效果使飞机机头下沉，产生下俯力矩，有：

$$M_L < 0$$

若飞机重心 CG 发生改变，逐渐后移至压力中心 CP 后部，则此时飞机升力产生的力矩效果将使飞机机头上扬，有：

$$M_L > 0$$

（2）大小：机翼产生的俯仰力矩 M_L 大小取决于飞机重心位置、迎角和飞机构型。

重心 CG 与 CP 的距离越大，升力的力臂越长，俯仰力矩 M_L 越大。

迎角 α 越大，升力越大，俯仰力矩 M_L 越大。

飞机构型变化，如后缘襟翼打开，升力变化及空气动力作用点 CP 变化，不同飞机结构特点导致俯仰力矩 M_L 产生变化。

2) 水平尾翼产生的俯仰力矩

如图 5-3 所示，在正常飞行中，水平尾翼产生空气动力与升力 L 方向相反称为负升力 L′，故水平尾翼产生的俯仰力矩 $M_{L'}$ 为上仰力矩，即

$$M_{L'} > 0$$

但当机翼迎角很大时,也可能会产生下俯力矩,即

$$M_{L'} < 0$$

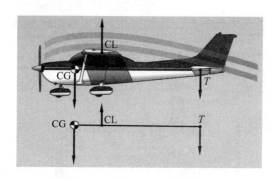

图 5-3　水平尾翼气动力方向

2. 横侧平衡

飞机的横侧平衡是指横侧方向围绕飞机纵轴,飞机的各滚转力矩之和为零,飞机保持坡度不变或坡度为零状态。

滚转力矩主要有两翼升力对重心产生的滚转力矩和螺旋桨反作用力矩对重心产生的滚转力矩。获得横侧平衡的条件为:

$$\sum M_X = 0$$

如图 5-4 所示,两翼的升力对飞机重心产生方向相反的力矩效果,若存在升力差,将使飞机沿纵轴向升力较小一侧机翼滚转的力矩产生。若从驾驶舱观察,飞机向右顺时针滚转,滚转力矩为正,飞机向左逆时针滚转,力矩则为负。

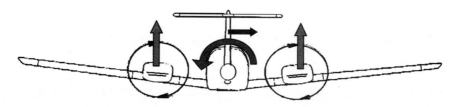

图 5-4　横侧滚转力矩

3. 方向平衡

飞机的方向平衡是指偏航方向围绕飞机立轴,飞机的各偏转力矩之和为零,飞机保持侧滑角不变或侧滑角为零状态。

侧滑是指相对气流方向与飞机对称面或机身纵轴不一致的飞行状态。相对气

流从左前方吹向飞机为左侧滑；相对气流从右前方吹向飞机为右侧滑。如图 5-5 所示，该飞机此时机头方向与运动轨迹不重合，飞机向左前方运动，带左侧滑。

图 5-5　侧滑

偏转力矩主要有：两翼阻力对重心产生的偏转力矩；垂尾侧力对重心产生的偏转力矩；双发或多发飞机拉力产生的偏转力矩。获得方向平衡的条件：

$$\sum M_Y = 0$$

两侧机翼阻力不同围绕重心将产生偏转力矩；飞机带侧滑或滑流效果将在飞机垂尾产生侧力，围绕重心将产生偏转力矩；双发或多发飞机拉力不同，围绕重心也将产生偏转力矩。

5.3　稳　定　性

飞机的稳定性与小球和单摆类似，稳定力矩是飞机稳定的必要条件，在飞机偏离原平衡状态时飞机应具备稳定力矩，同时在此稳定回复趋势的基础上通过阻尼力矩作用促使飞机尽快回到原平衡状态。对飞机设计需要而言，必然应使飞机具有静态及动态稳定性。换句话说，飞机在阵风或操纵等扰动的作用下远离原来的平衡位置，如果飞行员不控制，也可以回到原来的平衡情况。静态稳定性是飞机在平衡条件被破坏后显示出来的初始趋势，动态稳定性是飞机的平衡被打破后显示出来的总体最终状态。初始趋势和最终总体趋势有可能不同或者相反，因此必须区别这两者。

飞机的稳定性可从静稳定性和动稳定性两方面切入，研究飞机的纵向和侧向稳定性。

1. 飞机静稳定性——稳定力矩

1）纵向俯仰静稳定性

纵向俯仰静稳定性，即俯仰方向平衡受扰，导致飞机迎角发生变化，若扰动消失，飞机具有自动恢复其原有俯仰状态的趋势，即为俯仰静稳定。

设计飞机时，围绕横轴的纵向稳定性可衡量飞机绕横轴维持稳定平衡的品质。即飞机机头上扬或下俯的运动扰动能否迅速衰减收敛回原状态趋势。纵向不稳定的飞机将出现逐渐爬升或者俯冲到非常极端状态的趋势，甚至是失速趋势。对于受到扰动后的飞机迎角增大出现抬头扰动，应有趋于迎角减小即低头力矩的存在，即飞机的纵轴应该对迎角稳定。从飞行员的角度来看，是希望速度稳定，因为飞行员需时刻监控速度而不是迎角，而速度和迎角有其对应关系，迎角稳定则速度相对稳定。

飞机受到微小扰动例如阵风之后，平衡状态被破坏，迎角发生变化，从而导致升力发生变化（增加或减小），这种变化机身、机翼和平尾等各部件都会产生，称为附加升力。

$$\Delta L = \Delta L_{机翼} + \Delta L_{机身} + \Delta L_{尾翼}$$

扰动使迎角增加，则附加升力方向向上；扰动使迎角减小，附加升力方向向下。当综合考虑一架飞机的附加升力时，飞机迎角改变时附加升力的着力点称为焦点，又称为气动中心（aerodynamic center）。焦点可理解为飞机气动力增量的作用点。

焦点（AC）与重心（CG）的位置关系是飞机是否具有俯仰稳定力矩的必要条件。

（1）焦点位于飞机重心之后：附加升力产生俯仰稳定力矩，飞机具有纵向（静）稳定性，如图 5-6 所示。当飞机受扰，迎角增大，附加升力 ΔL 作用于焦点处，方向向上，围绕重心形成下俯力矩，使飞机有迎角减小的趋势，此力矩提供俯仰稳定力矩。当飞机受扰，迎角减小，附加升力 ΔL 作用于焦点处，方向向下，围绕重心形成上扬力矩，使飞机有迎角增大的趋势，此力矩提供俯仰稳定力矩。焦点距离重心越远，力矩力臂越长，俯仰稳定性越强。

（2）焦点位于飞机重心之前：附加升力产生不稳定力矩，飞机不具有纵向稳定性。

当飞机受扰，迎角增大，附加升力 ΔL 作用于焦点处，方向向上，围绕重心形成上

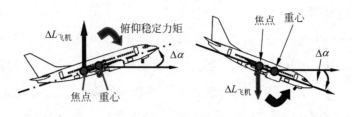

图 5-6　俯仰稳定力矩

扬力矩,使飞机有迎角增大的趋势,此力矩提供俯仰不稳定力矩。当飞机受扰,迎角减小,附加升力 ΔL 作用于焦点处,方向向下,围绕重心形成下俯力矩,使飞机有迎角减小的趋势,此力矩提供俯仰不稳定力矩。焦点距离重心越远,力矩力臂越长,俯仰不稳定性越强。

(3) 焦点与飞机重心重合:附加升力产生的力矩为 0,飞机既不自动恢复原来迎角,也不偏离原来迎角,这种状态为中立不稳定状态。因此,保证飞机具备俯仰稳定力矩,飞机的焦点必须位于重心之后,而正因为水平尾翼(平尾)的位置处于飞机的后部,为焦点的后移做出贡献,飞机的俯仰稳定力矩主要由水平尾翼提供,如图 5-7 所示。

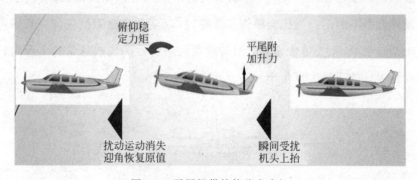

图 5-7　平尾提供俯仰稳定力矩

对于俯仰稳定性来说,一般在飞机飞行的迎角小于临界迎角时,焦点的位置不随飞机的迎角而改变。理论分析表明在低速、亚音速飞行,翼型焦点在 1/4 弦长处。俯仰静稳定性的大小主要取决于重心的位置,重心越靠前,则俯仰静稳定性越强。

2) 横侧静稳定性

横侧静稳定性,即飞机横侧方向平衡受扰,导致飞机坡度发生变化,若扰动消失,飞机具有自动恢复其原有横侧平衡的趋势,飞机即为横侧静稳定。

飞机的横侧稳定力矩主要由机翼的上反角、后掠角提供,同时垂直尾翼和上单翼设计也可提供稳定力矩。

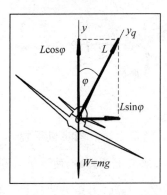

图 5-8　横侧产生的坡度变化

如图 5-8 所示,飞机初始保持坡度为 0 的平衡状态。扰动使飞机产生向左的坡度,则此时飞机的受力不平衡,重力大于升力的垂直分量($W > L\cos\varphi$)使飞机下降高度,升力的水平分量($L\sin\varphi$)使飞机的运动轨迹向右偏,产生左侧滑。若当扰动消失后,飞机具有自动消除坡度恢复到原平衡位置的趋势,即有消除侧滑角的改变并向无坡度状态恢复的趋势。

横侧稳定力矩主要由侧滑中机翼的上反角和后掠角产生。

侧滑前翼的升力大于侧滑后翼的升力,是机翼能够具有横侧稳定性的必要条件。

(1)上反角,如图 5-9 所示,侧滑前翼的迎角更大,升力大于侧滑后翼的升力,从而产生绕纵轴的横侧稳定力矩,具有减小侧滑角的趋势。相反地,过大的上反角对横侧机动特性是不利的。飞机会横侧非常稳定,以至于它会阻抗任何有意识的侧滚运动。出于这个原因,要求快速侧向滚转或者倾斜特性的飞机通常其上反角比那些较少机动性设计的飞机上反角小。

图 5-9　上反角

(2)后掠角,如图 5-10 所示,左右机翼气流不对称,侧滑前翼有效速度大于侧滑后翼有效速度,侧滑前翼升力大于侧滑后翼,由此产生使飞机左滚的稳定力矩。

(3)侧滑中,垂尾产生的侧力对重心形成的滚转力矩也是横侧稳定力矩。

因垂尾作用点高于重心所在位置,可产生阻止滚转的横侧稳定力矩。

(4)上单翼飞机横侧稳定性强,下单翼飞机横侧稳定性弱。如图 5-10 所示,上单翼侧滑前翼下表面气流受阻压强增大,产生横侧稳定力矩,飞机存在消除坡度的趋势。

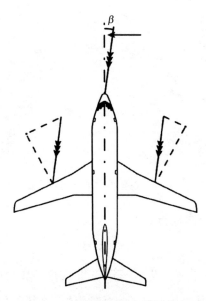

图 5-10　后掠角侧滑前翼速度大

3）方向静稳定性

方向静稳定性，即飞机方向平衡受扰，导致飞机侧滑角发生变化，若扰动消失，飞机具有自动恢复其原有方向平衡的趋势，飞机即为方向静稳定。

飞机的方向稳定力矩主要由垂直尾翼提供，同时机翼的上反角、后掠角也可提供稳定力矩。

（1）方向稳定力矩主要是在飞机出现侧滑时由垂尾产生的。如图 5-11 所示，当飞机受扰飞机机头偏向右侧，相对气流此时在飞机左侧，垂直尾翼受到相对气流的作用产生向右侧力，使飞机出现绕重心飞机机头向左偏转的趋势；当飞机受扰飞机机头偏向左侧，相对气流此时在飞机右侧，垂直尾翼受到相对气流的作用产生向左侧力，使飞机出现绕重心飞机机头向右偏转的趋势。垂直尾翼的位置越靠后，面积越大，飞机的方向稳定性就越强。

（2）上反角（如图 5-9 所示）使侧滑前翼迎角大，阻力大，从而产生方向稳定力矩。

（3）后掠角能够使机翼产生方向稳定力矩。如图 5-10 所示，后掠角的存在，使侧滑前翼的相对气流有效分速大，因而阻力更大，从而产生方向稳定力矩。

（4）机身，以及背鳍和腹鳍也可以产生方向稳定力矩。

图 5-11   垂尾提供方向稳定力矩

2. 飞机动稳定性——阻尼力矩

1）纵向俯仰动稳定性

俯仰阻尼力矩主要由平尾产生。一般飞机绕横轴转动时,机身、机翼等部分也产生阻尼力矩,但水平尾翼距重心较远,力臂较长,故其阻尼力矩最大,可在分析问题时仅考虑平尾阻尼力矩。

2）横侧动稳定性

横侧阻尼力矩主要由机翼产生。飞机在受扰后的转动过程中,由于机翼存在附加上、下气流分量,使两翼迎角不等,从而导致两翼升力不等,这一阻尼力矩对飞机转动起阻碍作用。一般飞机绕纵轴转动时,机身、尾翼等部分也产生滚转阻尼力矩,但起主要作用的为机翼产生的滚转阻尼力矩。

3）方向动稳定性

方向阻尼力矩主要由垂尾产生。飞机转动的过程中,垂尾处出现附加的侧向气流速度分量,导致垂尾出现侧力,侧力形成的力矩起到阻碍转动的作用,称方向阻尼力矩。一般飞机绕立轴转动时,机身、机翼等部分也产生阻尼力矩,但垂直尾翼距重心较远,故其阻尼力矩最大。

3. 侧向稳定性之间的关系

飞机的方向稳定性与横侧稳定性是相互耦合的,飞机的方向稳定性和横侧稳定性的总和,叫侧向稳定性。由于两者稳定性的强弱差距不同,会使飞机出现荷兰滚与螺旋不稳定。

1）荷兰滚

飞机的横侧稳定性过强而方向稳定性过弱，易产生飘摆，又称荷兰滚（Dutch roll）。

飞机受扰出现侧滑角、滚转角速度和偏转角速度。飞机会一边滚转，一边偏转，交替地变换侧滑的方向，形成飘摆运动，也叫荷兰滚。如飞机受扰左倾斜带来左侧滑，若横侧稳定性强则飞机迅速向右改平坡度；而若方向稳定性弱，飞机左偏的速度慢，未等左侧滑消除，飞机又带右坡度带来右侧滑，机头需要右偏消除侧滑速度慢而坡度向左的改平速度，使飞机迅速改平进而带来左侧滑，周而复始，消除方向侧滑没有坡度改平快，使坡度逐渐增大，机翼载荷因数变大，威胁飞机结构安全。

飘摆的危害性在于飘摆震荡周期只有几秒，修正飘摆超出了人的反应能力，修正过程中极易造成推波助澜，加大飘摆幅度。

大型运输机在高空和低速飞行时由于稳定性发生变化易发生飘摆，因此广泛使用飘摆阻尼器。

2）螺旋不稳定

飞机的横侧稳定性过弱而方向稳定性过强，在受扰产生倾斜和侧滑后，易产生缓慢的螺旋下降，即螺旋不稳定。

如飞机受扰左倾斜出现坡度带来左侧滑，若横侧稳定性弱则飞机改平坡度慢，而方向稳定性强飞机左偏消除侧滑的速度快，那么快速左偏导致右翼速度相对大，升力大，飞机坡度有增大趋势，更难以改平左坡度。最终导致飞机进入缓慢的盘旋下降过程，称为螺旋不稳定。

螺旋不稳定的周期较大，但对飞行安全不构成威胁，飞行员可在察觉后进行主动修正，飞机设计中允许出现轻度的螺旋不稳定。

5.4　操　纵　性

飞机具备稳定性的同时，应具有良好的操纵性，使飞行员能够有效控制飞机达到飞行目的。飞机的操纵性是指飞机在飞行员操纵升降舵、方向舵和副翼的情况下改变其飞行状态的特性。若飞行员操纵输入动作简单、省力，飞机反应快，则操纵性佳；若飞行员操纵动作复杂，费力，飞机反应慢，则操纵性差。研究操纵性的主要目的是了解飞行状态的改变与杆舵行程和杆舵力大小之间的基本关系，掌握飞机对操纵的反应快慢以及影响因素等。

5.4.1　俯仰操纵性

飞机的俯仰操纵性是指飞行员操纵驾驶舱内操纵装置驾驶杆偏转操纵舵面升降舵后，飞机绕横轴转动而改变其迎角等飞行状态的特性。

如图 5-12 所示，飞行员向后拉杆使升降舵上偏，产生向下的附加升力对重心形成俯仰操纵力矩，机尾向下运动，机头向上运动，打破了原有俯仰平衡，使飞机抬头，迎角增大。

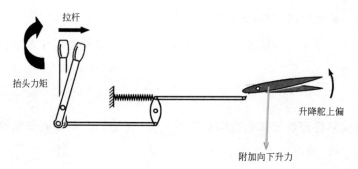

图 5-12　俯仰的操纵原理

直线飞行中，驾驶杆前后的任意一个位置可控制升降舵舵面的偏角对应一个迎角的大小。一个迎角对应一个速度。大速度对应小迎角，小速度对应大迎角，如图 5-13 所示。

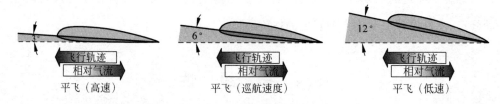

图 5-13　速度和迎角及升降舵偏角的关系

驾驶杆位置越靠后，升降舵上偏角越大，对应的迎角越大，对应的平飞速度越小；驾驶杆位置越靠前，升降舵下偏角越大，对应的迎角越小，对应的平飞速度越大。

小速度时,升降舵向上偏;随着速度增加,升降舵减小上偏角;大速度时,升降舵向下偏。

5.4.2　横侧操纵性

飞机的横侧操纵性是指飞行员操纵驾驶舱驾驶杆控制副翼偏转后,飞机绕纵轴转动而改变其滚转角速度、坡度等飞行状态的特性。

如图 5-14 所示,压左杆,飞机左滚转;压右杆,飞机右滚转。向右压驾驶杆,右侧副翼上偏,左侧副翼下偏,两个副翼上的不同升力差会打破原有横侧平衡,使飞机向右滚转。不带侧滑的横侧操纵中,驾驶杆左右转动的每个位置都对应着一个稳定的滚转角速度。驾驶杆左右转动的角度越大,滚转的角速度就越大。驾驶杆左右转动角度的大小与滚转角速度有关,与形成坡度大小无关,与形成坡度的快慢程度有关。

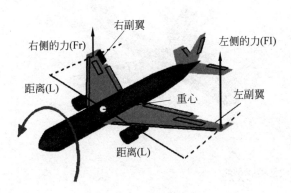

图 5-14　横侧操纵

飞机装有外侧副翼及内侧副翼,又叫作低速副翼及高速副翼。翼尖副翼(外侧副翼)的优越性在于它距离飞机纵轴较远,具有较大的力臂,可以形成最大的滚转力矩。但在飞行速度较大时,由于气动性的作用,机翼将发生扭转变形,这种扭转使副翼下偏,一边机翼的迎角减小,而另一边的迎角增大,从而降低了副翼的操纵性能,甚至会出现副翼"反效"。因此,很多现代大飞机上增设了内侧副翼,它距翼根比较近,受气动性的影响很小,对于改善大速度飞行时的横侧操纵有帮助。此外,还可以使用扰流板来辅助副翼操纵。飞行中进行转弯或盘旋的操纵时,必须在接近预定坡度时将盘回到中立位置,消除横侧操纵力矩,飞机在横侧阻尼力矩作用的阻止下,使滚转角速度逐渐消失。

5.4.3　方向操纵性

飞机的方向操纵性是指飞行员操纵驾驶舱装置脚蹬控制方向舵偏转后,飞机绕立轴偏转而改变其侧滑角等飞行状态的特性。

如图 5-15 所示,蹬左舵,方向舵左偏,垂直尾翼上的向右附加气动力会打破原有方向平衡,使飞机机头左偏。不带滚转的直线飞行中,每一个脚蹬位置对应着一个侧滑角。蹬右舵,飞机产生左侧滑;蹬左舵,飞机产生右侧滑。方向舵偏转后产生方向铰链力矩,飞行员需用力蹬舵才能保持方向舵偏转角不变。方向舵偏转角越大,气流动压越大,蹬舵力越大。

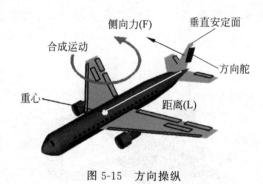

图 5-15　方向操纵

5.4.4　侧向的耦合效应

方向操纵性和横侧操纵性统称为飞机的侧向操纵性。在操纵效果上,存在杆舵互换的耦合效应。

蹬左舵,机头左偏,导致右侧滑,侧滑前翼升力大于侧滑后翼升力,形成滚转力矩(即横侧稳定力矩),飞机左滚。同时机头左偏的瞬时,外侧(右侧)机翼的速度大于内侧(左侧)机翼的速度,导致外侧机翼升力大于内侧机翼升力,飞机左滚。

向左压杆,飞机左滚:在滚转过程中,左侧副翼上偏,右侧副翼下偏。使左侧机翼迎角减小,升力减小,右侧机翼迎角增大,升力增大;右侧机翼升力大于左侧机翼升力,产生左滚。左侧机翼阻力由于迎角的减小而减小,右侧机翼阻力由于迎角的增大而增大,飞机机头右转,存在副翼反向偏航。而升力的水平分量会导致飞机速度左偏,产生左侧滑,垂尾附加侧力使机头左偏,即方向稳定力矩。

习　　题

简答题

1. 什么是滚转、俯仰、偏航?

2. 什么是飞机平衡?

3. 什么是俯仰平衡、横侧平衡、方向平衡?

4. 解释飞机的稳定性。

5. 解释纵向俯仰静稳定性。

6. 解释横侧静稳定性。

7. 解释方向静稳定性。

8. 解释飞机动稳定性。

9. 什么是荷兰滚?

自　测　题

第 6 章

重心的计算

重心是物体的平衡点。本章介绍常用的飞机重心的表达方式,确定重心的力学原理,即合力矩定理,飞机重心变化的计算以及重心包线。

6.1 重心的表达方式

6.1.1 力臂

基准(datum)是用于标识重心位置的参考点。典型的基准位置有机头、发动机防火墙、机翼前沿等,如图 6-1 所示。重心到基准位置的距离,也就是平衡力臂(BA),可以用来表示重心位置,如图 6-2 所示。基准不同力臂数值不同,基准的选定与重心位置无关。但是好的基准位置可简化计算结果。

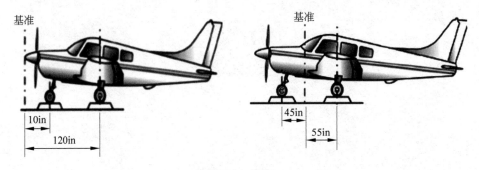

图 6-1　基准

站位就是采用固定的基准点来计算重心位置,站位基准点为 0 站位,其他位置处就用到 0 站位(基准点)的距离描述成多少站位,所以站位和力臂物理意义一样,如图 6-3 所示。

对于正常类或实用类飞机来说,通常用力臂或站位来表示重心位置。

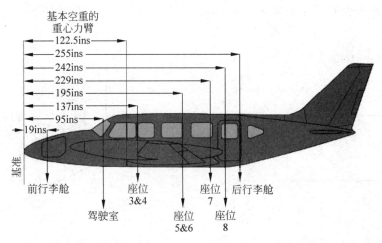

图 6-2　平衡力臂

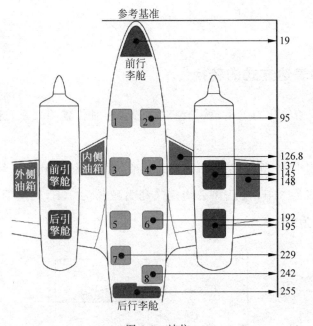

图 6-3　站位

6.1.2　弦长百分比

平均空气动力弦（MAC）是一个假想的矩形机翼的翼弦。该机翼的面积、空气动力及俯仰特性与原机翼相同，其弦长可以用 b 表示，如图 6-4 所示。

重心的前后位置常用重心在 MAC 上的投影到 MAC 前缘的距离占该 MAC 弦

长的百分数来表示,即:xxx％ MAC,如图 6-5 所示。其计算公式如下:

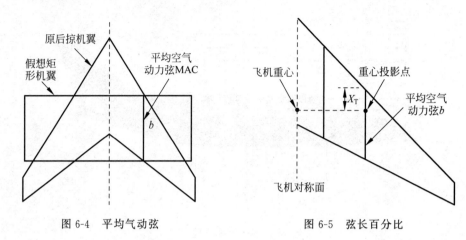

图 6-4　平均气动弦　　　　　　　图 6-5　弦长百分比

$$X = \frac{X_\mathrm{T}}{b} \times 100\% \qquad\qquad (6\text{-}1)$$

6.1.3　两种表达方式的转换

力臂与弦长百分比的关系,就是绝对位置和相对位置的关系,这两个参数可以相互转换。

例 6.1　如图 6-6 所示,某飞机重心到基准的距离为 33ft,其平均空气动力弦前缘到基准的距离为 31ft,且已知平均空气动力弦长为 10ft,则将重心位置转换为 ％MAC 形式应为多少?

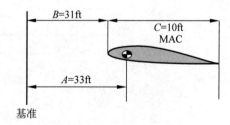

图 6-6　例 6.1 示意图

解:

$$\frac{A-B}{C} \times 100\% = \frac{33-31}{10} \times 100\% = 20\% \mathrm{MAC}$$

6.2 确定重心的力学原理

确定重心的力学原理是合力矩定理：一个力系的合力对任一点之矩等于各分力对同一点的力矩之和。

对空间力系，力矩是矢量，对平面力系，力矩可用标量表示。对确定飞机重心的情况而言，是平面力系，而且是平行力系。确定飞机重心的情况，可简化为如下例所示。

设图 6-7 所示的飞机系统由空机及旅客、货物、燃油组成，其重量分别为 W_E、W_P、W_C、W_F，试确定飞机的重心。

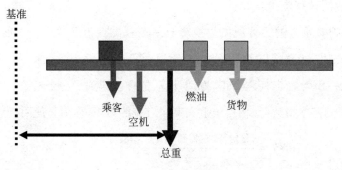

图 6-7 飞机系统

可取任一点 O 作为矩心（O 点可在板子以外），规定在基准点之后的力臂为正，也就是抬头力矩（顺时针）为正，低头力矩（逆时针力矩）为负，图 6-8 中 X、L_E、L_P、L_F、L_C 分别为各力对矩心 O 点之力臂。

此系统的合力（相当于飞机总重）：$W = W_E + W_P + W_F + W_C = \sum W$。

按合力之矩定理有：$W \times X = W_E \times L_E + W_P \times L_P + W_F \times L_F + W_C \times L_C = M_E + M_P + M_F + M_C$；由上式算出的 X 即重心到 O 之力臂。这样就确定了力系之合力（即飞机之重心）的位置。

例 6.2 如果一架飞机空机重为 270kg，力臂为 220cm，人员重 140kg，力臂为 130cm，燃油重 50kg，力臂为 75cm，求飞机的重心位置距基准的距离 X cm。

解：$X = \dfrac{270 \times 220 + 140 \times 130 + 50 \times 75}{270 + 140 + 50} = 176.85\text{(cm)}$

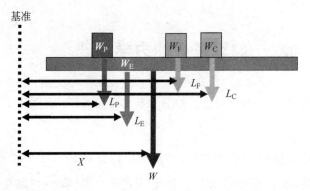

图 6-8　重心计算原理

由于飞机重量(空机重、油量、货物等)很大,所以计算出来的力矩很大,使用不方便,实际使用的是缩小了一定倍数的力矩,即指数(index)。

指数一般的计算步骤:

第一步,把载重量的力臂或站位换算成平衡基准点为准的力臂长度,用平衡臂减去常数 1;第二步,力臂乘以重量,得到力矩数;第三步,缩小系数得到指数,除以常数 2;第四步,加一个常数 3,使之为正,方便计算,这样就得到了一个指数。一般是用飞机的基本重量得到基本指数,就相当于上文 W_E 对应的力矩,称为干使用指数 DOI。

$$指数 = \frac{重量 \times (平衡臂 - 常数 1)}{常数 2} + 常数 3$$

再按照上面的前三步,求出单位载量指数,根据各个部分实际载量,分别求对应的指数。指数简单来说就是缩小了一定倍数的力矩,因此指数的加减即代表了力矩的加减。

不同机型常数不一样,机型相关文件中会给出计算飞机基本重量指数的公式,可以读出其常数值,直接使用以计算指数。

A310-200: $DOI = (HARM - 26.67) \times W/2\,000 + 40$

B737-300: $DOI = (HARM - 648.5) \times W/29\,483 + 40$

6.3　重心的变化

飞机的重心位置并不是固定不变的,当装载完成后,有时候需要对装载量进行重新调整。比如,检查总重超重,需要减少货物;有时装载完毕准备飞行时,被通知还有其他货物或人员；在重心后减去重量或在重心前增加重量，全机重心前移；在重心前减去重量或在重心后增加重量，全机重心后移。

$$\frac{重量的改变量}{新的总重} = \frac{重心改变量}{增减重量与原重心的距离}$$

装载重量增加为正，减少为负，重心位置移动量后移为正，前移为负，增减重量位置在原重心前，则距离为负，在原重心后，距离为正。

例 6.3　如果一架飞机的重量为 1 000kg，重心在 89 站位，现将站位 30 处的行李舱中的重量为 150kg 的行李搬下飞机，现在飞机的重心站位为多少？

解：$-150/(1\,000-150) = X/(30-89)$

则：$X = 10.41$

飞机的新重心站位为 $89+10.41 = 99.41$。

例 6.4　飞机原总重 6 680lb，原重心位置 80in，准备在力臂为 150in 的行李舱中增加行李 140lb。试确定新的重心位置。

解：$140/(6\,680+140) = X/(150-80)$

则：$X = 1.44$

新的重心位置为 $80+1.44 = 81.44$(in)。

当重量从一个位置移向新的位置时，飞机的总重量没有发生变化，而总力矩却发生了变化。这样飞机的重心也会发生变化。

$$\frac{移动的重量}{飞机的总重量} = \frac{重心改变量}{重量移动的力臂改变量}$$

例 6.5　一架飞机的重量为 1 000kg，重心在 89 站位，现将 30kg 行李由站位 150 的后行李舱移到站位 20 的前行李舱。飞机的重心站位移动了多少？

解：$30/1\,000 = X/(20-150)$

则：$X = -3.9$

重心站位往前移动了 3.9。

例 6.6　飞机总重量为 7 800lb，重心位置 81.5in，重心后极限为 80.5in。后行李舱力臂为 150in，前行李舱力臂为 30in。试确定：最少需要将多少重量从后行李舱移至前行李舱？

解：$Y/7\,800 = (80.5-81.5)/(30-150)$

则：$Y=65$

至少需要将 65lb 的重量从后行李舱移至前行李舱。

燃油的消耗对重心的影响。燃油的消耗对重心的影响主要取决于油箱的平均重心与飞机重心的位置关系。通常情况下，飞机的油箱重心在飞机重心之后，随着飞行中燃油的消耗，相当于在重心后减少重量，重心前移。

例 6.7　一架飞机的重量为 $2\,400\text{lb}$，重心在 89 站位，飞机燃油消耗为 60lb/h，飞机油箱重心在 92 站位，经过 1.1h 的飞行后，飞机的重心站位为多少？

解：燃油消耗为 $60\times1.1=66$

$-66/(2\,400-66)=X/(92-89)$

$X=-0.08$

飞机的新重心站位为 $89-0.08=88.92$。

6.4　重心的限制（重心包线）

飞机的重心位置对飞机的纵向平衡、静稳定性和静操纵性有很大影响。而在民航飞机的正常运行中，因为旅客或货物的装载与配平、燃油的消耗、起落架的收放等都会引起飞机重心位置的变化，为了避免因重心变化过大而影响飞机平衡、稳定性能与操纵性能，每类飞机都有一定的重心前限与后限的要求，如图 6-9 所示。

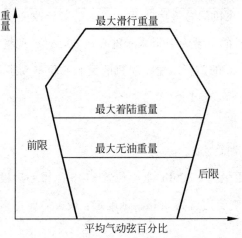

图 6-9　重心包线示意图

重心前限主要考虑以下两个方面,一方面是平飞静操纵性。当重心前移时,机翼产生的升力对重心的俯仰力矩增加,因此需要平衡纵向稳定力矩所需的操纵力矩即平尾偏角也要增大,而平尾偏角受到结构和气流分离的限制,不能无限增大,因此必须提出重心前限的限制。另一方面是机动特性,重心前移,为了保持良好的机动特性,保证足够的过载值,也必须对重心前限提出要求。根据这两方面的要求,确定重心前限时,应具体考虑在起飞着陆或是巡航飞行时,平尾偏角应能保证飞机在规定的速度时抬起前轮,着陆时除了平衡纵向力矩外,平尾还应留有一定的裕量;在高空高速飞行时,平尾偏角应保证飞机能达到预定的过载值。在运行过程中,必须使飞机的重心位置严格控制在重心前限之后。

重心后限也直接决定于飞机的静稳定性和静操纵性要求。但对静稳定性的要求,也往往在静操纵性中反映出来,所以重心后限通常从静操纵性角度提出。具体考虑有:飞机在平飞过程中要具有静操纵性,则必须具有迎角静稳定性,也就是说重心应在焦点之前,而在拉起运动中,必须保证重心在机动点之前。因此在设计中根据上述要求的最小值定出其重心后限,而在使用运行过程中也必须把飞机的重心严格控制在重心后限之前。

在使用手册中,重心的使用限制以包线的形式给出,如图 6-10 所示。

飞机的起飞重心、着陆重心和无油重心是航班的重要数据。经载重平衡控制的航班,要确保任何一项重心位都不能超出规定的前后极限。

建立重心包线时的注意事项。运营人应当为其运行的每架航空器建立适用的重心包线。包线应该包括所有有关的重量与平衡限制,以确保航空器的运行总是在适当的重量与平衡限制中。建立包线时,将考虑旅客、燃油和货物的装载,飞行中旅客、航空器部件和其他装载物体的移动,燃油和其他消耗品的消耗或移动等因素。在使用了明确说明的合理假设后,航空器在运行时不会超出其经审定的重量与平衡限制。使用来自航空器制造商的信息,建立重心包线应首先从重量与平衡限制开始。这些限制在航空器制造商提供的重量与平衡手册、型号合格证数据单或类似的批准性文件中。

缩减航空器制造(或改装)商的重心包线时需要考虑的事项:

(1) 考虑到在正常运行中可能遇到的装载变化和飞行中载荷的移动,运营人应

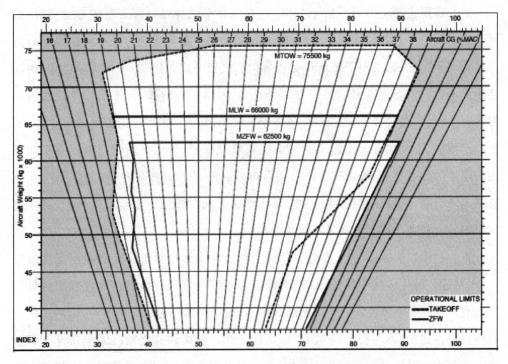

图 6-10　A320 重心包线图

依据航空器制造商的包线数据缩减装载限制。举例来说，考虑到旅客在飞行中会在客舱内走动，运营人应缩减厂商的重心包线或确定其重心包线经过缩减，缩减的量必须能够保证旅客的移动不会使航空器重心超出审定的包线。如果航空器是在新的、已被缩减的包线范围内进行装载，即使有些装载参数（如旅客座位布局）并不能精确地确定，该航空器仍能一直运行在厂商的包线范围内。

（2）在某些情况下一架航空器可能有一条以上的包线用于起飞前的计划和装载。每一条包线应根据有关变量预计的情况做相应的缩减。举例来说，一架航空器可能有单独的起飞、巡航和着陆包线。如果在航空器起飞或着陆期间，旅客都坐在指定的座位上，则在这种情况下就不需要为考虑旅客走动的影响而对起飞和着陆包线进行缩减。

（3）每个包线经过缩减确定后，这些包线重叠在一起所产生的最严格限制点将形成航空器的运行包线。在运行中必须遵守这些包线。严格按照在缩减假设基础上建立的这些"运行包线"运行，航空器制造商提供的经审定包线将在所有飞行阶段得到满足。

习　　题

简答题

1. 常用的两种重心位置表达方式是什么？

2. 重心落在平均空气动力弦 MAC 距前缘 1/4 处,其重心弦长百分比是多少？

3. 某飞机重心到基准的距离为 30ft,其平均空气动力弦前缘到基准的距离为 26ft,且已知平均空气动力弦长为 15ft,则重心位置为(　　)％MAC。

4. 某飞机重心位置为 20％MAC,其平均空气动力弦前缘到基准的距离为 26ft,且已知平均空气动力弦长为 15ft,则重心到基准的距离为多少？

5. 确定飞机重心的力学原理是什么,具体内容是什么？

6. 如果一架飞机空机重为 500kg,力臂为 200cm,人员重 150kg,力臂为 120cm,燃油重 55kg,力臂为 80cm,装载货物 200kg,力臂为 250cm,求飞机的重心位置距基准的距离。

7. 如果一架飞机的重量为 1 000kg,重心在 90 站位,现将站位 35 处的行李舱中的重量为 100kg 的行李搬下飞机,现在飞机的重心站位为多少？

8. 如果一架飞机的重量为 1 000kg,重心在 90 站位,现在站位 35 处的行李舱中增加重量为 100kg 的行李,现在飞机的重心站位为多少？

9. 一架飞机的重量为 1 000kg,重心在 90 站位,现将 30kg 行李由站位 20 的行李舱移到站位 150 的行李舱。飞机的重心站位移动了多少？

10. 一架飞机的重量为 2 000lb,重心在 90 站位,飞机燃油消耗为 60lb/h,飞机油箱重心在 85 站位,经过 1.1h 的飞行后,飞机的重心站位为多少？

11. 重心前限和后限主要考虑什么因素限制？

12. 某飞机重心距平均空气动力弦前缘 10ft,其平均空气动力弦弦长 26ft,则重心位置为(　　)％MAC。

13. 某飞机重心到基准的距离为 27ft,其平均空气动力弦前缘到基准的距离为

21ft,且已知平均空气动力弦长为24ft,则重心位置为(　　)％MAC。

14. 某飞机重心位置为20％MAC,其平均空气动力弦前缘到基准的距离为21ft,且已知平均空气动力弦长为24ft,则重心到基准的距离为多少?

15. 如果一架飞机空机重为3 000kg,力臂为300cm,人员重250kg,力臂为170cm,燃油重550kg,力臂为95cm,装载货物700kg,力臂为260cm,求飞机的重心位置距基准的距离。

16. 如果一架飞机的重量为1 500kg,重心在100站位,现将站位50处的行李舱中的重量为150kg的行李搬下飞机,现在飞机的重心站位为多少?

17. 如果一架飞机的重量为1 000kg,重心在90站位,现在站位100处的行李舱中增加重量为100kg的行李,现在飞机的重心站位为多少?

18. 一架飞机的重量为1 000kg,重心在90站位,现将50kg行李由站位50的行李舱移到站位150的行李舱。飞机的新重心站位是多少?

19. 一架飞机的重量为1 000kg,重心在90站位,现将50kg行李由站位150的行李舱移到站位50的行李舱。飞机的新重心站位是多少?

20. 一架飞机的重量为2 000kg,重心在100站位,飞机燃油消耗为60kg/h,飞机油箱重心在85站位,经过1.5h的飞行后,飞机的重心站位为多少?

自　测　题

第 **7** 章

载重平衡图表填制

平衡图用来显示旅客、货物的分布对飞机重心的影响，并计算飞机的重心，它指示了飞机最终的无油重心和起飞重心的位置。配载员根据旅客在飞机客舱中的分布以及货舱中各个舱位货物、邮件、行李的重量来计算飞机的无油重心指数，再根据油量分布对飞机重心的影响，计算出飞机的起飞重心指数。根据指数和相对应的重量，配载员在包线图中找出飞机实际无油重心及实际起飞重心的％MAC值，并判断重心是否在限制范围之内。航空公司飞机飞行手册提供飞机审定重量重心位置极限，航空公司重量和平衡手册提供审定的重量重心位置极限。配载员负责确保在飞行过程中的任何阶段重心位置绝不超过审定极限，保证重心始终在有效的包线范围内。

载重平衡图的手工填制是配载工作人员的基本功，即使在使用计算机操作的时代，仍然需要配载员掌握这一技能，以备紧急情况下的操作。载重平衡图形象具体，更有助于理解和掌握飞机配载平衡的技能。

典型的手工填制的航班载重平衡图纸包括：载重表及载重电报（LOADSHEET & LOADMESSAGE）、平衡图（WEIGHT AND BALANCE MANIFEST）、装机单（LOADING INSTRUCTION）。航班载重平衡图纸按机型设计，除平衡图有折线型和指数型两种设计外，载重表、装机单的设计都比较统一。航空公司根据需要选择适用的图纸，根据安全标准设定审定重心的范围，平衡图根据航空公司的机型数据和安全要求，在载量指数和平衡包线图等方面会有些区别，因此，不同航空公司间即使是相同的机型也是不可以互换图纸使用的。本章将介绍航班载重平衡图表的识别和手工填制方法。

7.1 载重表及载重电报

　　航班的载重表反映航班飞机数据、装载数据的真实情况,是一份非常重要的随机业务文件和存档文件。手工填写载重表,需修改的内容应用横线划掉在备用格重写,但只允许修改一次。载重表必须按照规定的格式和要求填制,以下将详细说明。图 7-1 到图 7-5 为我国 ARJ 机型、MA 机型、波音和空客不同机型载重表样例,内容大同小异,细节不同,填制方法一样,本节将以图 7-5 的 A320 机型的载重表为例进行解释说明。

1. 表头(图 7-6、表 7-1)

　　载重表的第一填写部分是按标准载重电报的报头部分设计的,它反映航班配载平衡的责任部门和联系部门。由于手工配载平衡和计算机配载平衡都将再拍发一份载重电报,所以这部分有些项目在填制时可以有所省略。

表 7-1 表 头

		1. 表头		
序号	条　　目	说　　明	格式/例	备　　注
1	Priority	电报等级二字代码	QU	QU 为急报,载重电报的固定等级
2	Address(es)	收电地址,载重报收电部门七字代码	CTUTZCA	可只填写到达站三字母
3	Originator	发电地址,本站发电部门	CANTZCZ	
4	Recharge	电报拍发的委托人(付费人),填执行该航班任务的航空公司两字代码	CZ	实际制作舱单可不填
5	Date/time	日期/时间		采用 24 小时制
6	Initials	发电人代号		可以省略
7	LDM	载重电报识别代号		
8	Flight	航班号	CZ8177	
9	A/C Reg	飞机注册编号	B2913	
10	Version	客舱布局	Y138	
11	Crew	机组人数,如:机头机组数/客舱机组数	3/6	
12	Date	制表时间	150CT20	

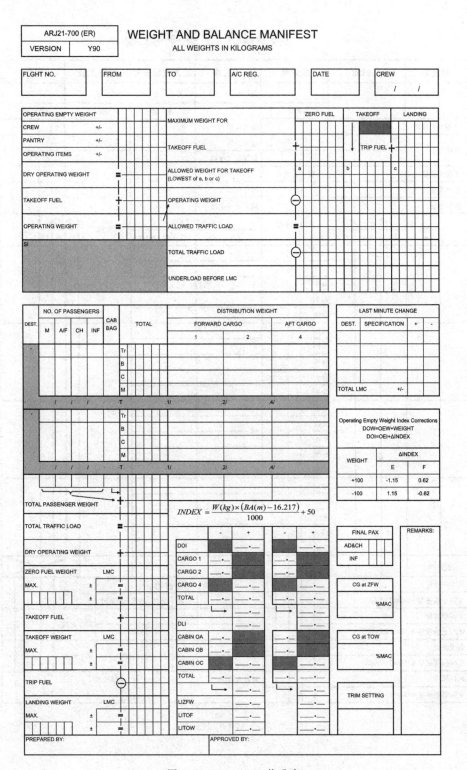

图 7-1　ARJ21-700 载重表

MA60 载重平衡表

始发地	目的地		航班号	飞机号	最大载客布局	机组人数		日期	
				B-	Y	/			
			基本重心		无 油	起 飞		落 地	
使用空机重量				最大重量 →					
机组修正	+		+	起飞油量 +		航段耗油 +			
	−		−	允许起飞重量（取最小值）					
干操作重量 =			修正后重心	操作重量 −					
起飞油量 +				最大许可业载 =					
操作重量 =									

目 的 地	旅客人数			货舱总重量（KG）	分舱重量（KG）		Y 舱	总件数		备注
	成人	儿童	婴儿		前货舱（650）	后货舱（550）		货邮	行	
				过站						
				货物						
				邮件						
				行李						
				合计						
				过站						
				货物						
				邮件						
				行李						
				合计						
				过站						
				货物						
				邮件						
				行李						
				合计						
				过站						
				货物						
				邮件						
				行李						
				合计						

总　计										

旅客总重量 +				**最后一分钟修正**				许可业载		
实际业载重量（Max5500KG）=		目的地	人数	舱位	货邮行	装舱				
干操作重量 +			±		±		实际业载 −			
实际无油重量 ★（Max19500KG）=			±		±					
起飞油量 +			±		±		剩余业载 =			
实际起飞重量 ★（Max21800KG）=			±		±					
航段耗油 −		制表人签字：			机长签字：					
实际落地重量 ★（Max21600KG）=										

图 7-2　MA60 载重表

WEIGHT AND BALANCE MANIFEST

767-200

FLIGHT	A/C REG	DATE

A 18 PAX ROWS 11-13　　B 66PAX ROWS 31-40　　C 130PAX ROWS 41-59

CPT 1　CPT 2　　CPT 3　CPT 4　CPT 5

BALANCE CALCULATION

ALL WEIGHT IN KILOS

ITEM	WEIGHT
DRY OPERATING WEIGHT	
TOTAL TRAFFIC LOAD　+	
ZERO FUEL WEIGHT　LMC	
MAX　+ −	=
+	=
TAKE - OFF FUFL　+	
TAKE - OFF WEIGHT　LMC	
MAX　+ −	=
+	=
TRIP FUEL　⊖	
LANDING WEIGHT　LMC	
MAX　+ −	=
+	=

	−	+		−	+
DOI					
CPT 1					
CPT 2					
CPT 3					
CPT 4					
CPT 5					
TOTAL					
	⤷−			⤷−	
DLI					
CAB A					
CAB B					
CAB C					
TOTAL					
	⤷−			⤷−	
LIZFW					
LITOF					
	⤷−			⤷−	
LITOW					

FINAL PAX		C. G. at ZFW	C. G. at TOW	STAB SET	REMARKS
AD&CH		%	%	UNIT	
INF		·	·	·	

PREPARED BY	APPROVED BY	

图 7-3　B767-200 载重表

Priority	Addresses			ALL WEIGHTS IN KILOGRAM

Originator   Recharge Date Time   Initials   **L.D.M**

Flight   Date   A/C Reg.   Version   Crew   Date

BASIC WEIGHT				ADJUSTMENTS TO D.O.W.			
CORRECTIONS	+ −						
DRY OPERATING WEIGHT	=			TOTAL FUEL (RAMP FUEL)		=	
TAKE−OFF FUEL	+			TAXI FUEL		−	
OPERATING WEIGHT	=			TAKE−OFF FUEL		=	

NOTES:

MAXIMUM WEIGHTS FOR		ZERO FUEL	TAKE−OFF	LANDING
TAKE−OFF FUEL	+		Trip Fuel +	
ALLOWED WEIGHT FOR TAKE−OFF (LOWEST OF a, b, c)	=	a	b	c
OPERATING WEIGHT	−			
ALLOWED TRAFFIC LOAD	=			
TOTAL TRAFFIC LOAD	−			
UNDERLOAD before LMC	=			

BALANCE CONDITIONS

MAC AT TOW _____ %MAC

TAKE−OFF TRIM SETTING _____

MAC AT ZFW _____ %MAC

SEATING CONDITIONS _____

Dest.	No. of			X	TOTAL	DISTRIBUTION WEIGHT					REMARKS PAX		
	ADULTS	CH	I			1	2	3	4	0	VIP	C	Y
				Tr									
				B									
				C									
				M									
	/	/		.T		.1	.2	.3	.4	.0			
				Tr									
				B									
				C									
				M									
	/	/		.T		.1	.2	.3	.4	.0			

TOTAL	PASSENGER WEIGHT → → +		LAST MINUTE CHANGES				
			Dest.	Specification	Cl/Cpt	plus	minus

TOTAL TRAFFIC LOAD	=		
DRY OPERATING WEIGHT	+		
ZERO FUEL WEIGHT ☐☐☐☐☐ Max. 62371	=		
TAKE−OFF FUEL	+		

TAKE−OFF WEIGHT ☐☐☐☐☐ Max. 79015	=

Load LMC (Total)

TOF Adjustment

TOTAL LMC +/− =

TRIP FUEL	−

Prepared by: Approved by:

LANDING WEIGHT ☐☐☐☐☐ Max. 66360	=

Lufthansa Technik AG, HAM TT/L−W, January 16, 2012

图 7-4　B737-800 载重表

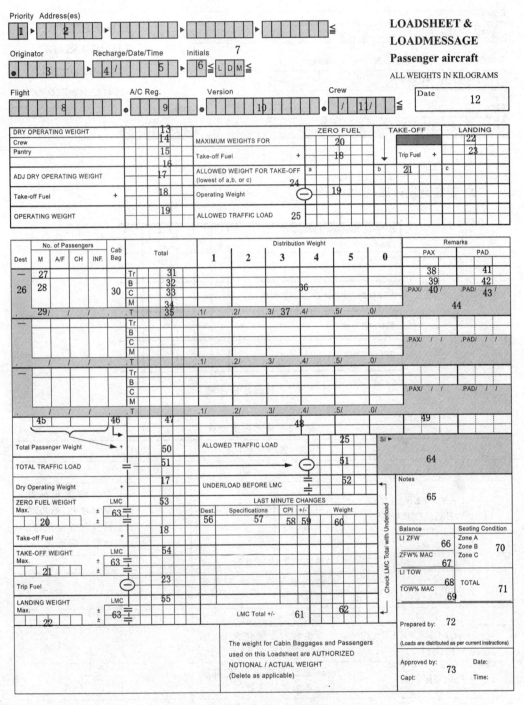

图 7-5 A320-214 载重表

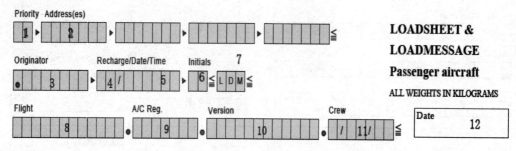

图 7-6　表头

2. 营运重量计算（图 7-7、表 7-2）

DRY OPERATING WEIGHT		13	
Crew		14	
Pantry		15	
		16	
ADJ DRY OPERATING WEIGHT		17	
Take-off Fuel　　　　　　+		18	
OPERATING WEIGHT		19	

图 7-7　营运重量计算

表 7-2　营运重量计算

<table>
<tr><td colspan="5">2. 营运重量计算</td></tr>
<tr><td>序号</td><td>条　目</td><td>说　明</td><td>格式/例</td><td>备　注</td></tr>
<tr><td>13</td><td>DRY OPERATING WEIGHT/BASIC WEIGHT</td><td>飞机的干使用重量/基本重量</td><td></td><td>空机重量和标准项目之和,标准项目包含标准机组、标准配餐重量</td></tr>
<tr><td>14</td><td>Crew</td><td>增减空勤成员重量</td><td></td><td></td></tr>
<tr><td>15</td><td>Pantry</td><td>食品舱单外增减的厨房用品重量</td><td></td><td></td></tr>
<tr><td>16</td><td></td><td>备用栏</td><td></td><td></td></tr>
<tr><td>17</td><td>ADJ DRY OPERATING WEIGHT</td><td>修正后的干使用重量,序号第 13、14、15 项的总和</td><td></td><td></td></tr>
<tr><td>18</td><td>Take-off Fuel</td><td>总加油量减去起飞前滑行要用掉的油量</td><td></td><td></td></tr>
<tr><td>19</td><td>OPERATING WEIGHT</td><td>营运重量,序号第 17、18 项的数量之和</td><td></td><td></td></tr>
</table>

营运重量计算部分目的是修正飞机的基本重量,计算出营运重量,为求算飞机最大业载做准备。

干使用重量为空机重量和标准项目之和,标准项目包含标准机组、标准配餐重量等,但不是每一次航班都是按标准配备,如果机组成员或者餐食等有偏差,就填在下面位置处,包括非标准机组重量修正,非标准餐食重量修正等,修正后的干使用重量再加上起飞油量,就是公司准备好可以为业载服务的营运重量了。

3. 允许业载量计算(图 7-8、表 7-3)

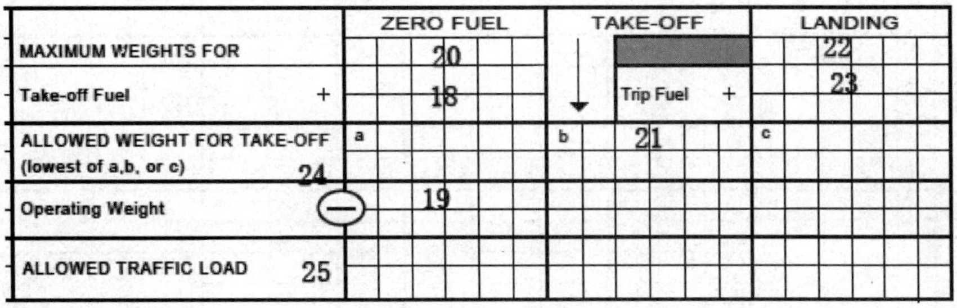

图 7-8　允许业载量计算

表 7-3　允许业载量计算

3. 允许业载量计算

序号	条　　目	说　　明	格式/例	备　注
20	MAXIMUM WEIGHT FOR ZERO FUEL	最大无油重量,填写该机型结构强度限制的最大无油重量		
21	MAXIMUM WEIGHT FOR TAKE-OFF	最大起飞重量,填写该机型性能规定的最大起飞重量		
22	MAXIMUM WEIGHT FOR LANDING	最大落地重量,填写该机型性能规定的最大着陆重量		
23	Take-off Fuel	航段耗油量,即飞机从本站起飞至下一到达站航行耗油量		
24	ALLOWED WEIGHT FOR TAKE-OFF(lowest of a,b. or c)	允许起飞重量,使用本项 a,b,c 中最小值		
25	ALLOWED TRAFFIC LOAD	可用业载,第 24 项(最小值)减去 19 项		

通过计算最大业载的三个公式,求算本航班的最大允许业务载量。最大允许起飞重量是受最大无油重量限制、最大起飞重量限制、最大着陆重量限制的最大允许起飞重量,最大无油重量加上这次航班的起飞油量,得到一个数值,只要起飞重量不超过该值,

那么消耗完该次航班的起飞油量后,飞机的无油重量就不会超过最大无油重量,这个重量就称为受最大无油重量限制的最大起飞重量,同理最大着陆重量加上航程油量得到受最大着陆重量限制的最大起飞重量,和最大起飞重量相比,这三者当中最小的即为该次航班最大允许起飞重量。

在这三者最小值下面继续填表,减去前面得到的营运重量就得到最大允许业载。

4. 各站的业载情况和汇总(图 7-9、表 7-4)

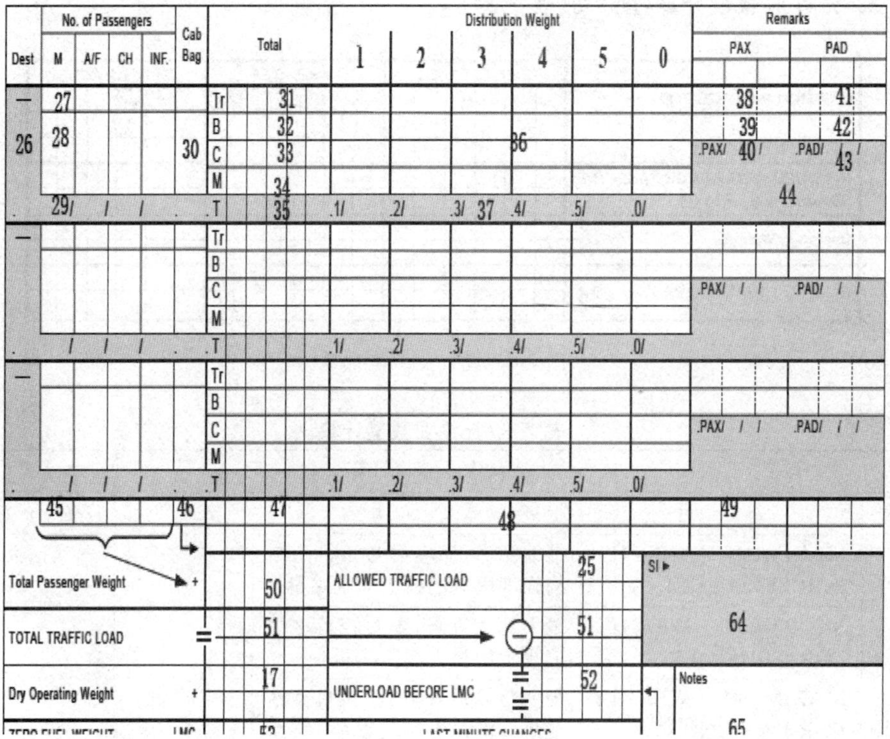

图 7-9　各站业载情况和汇总

表 7-4　各站业载情况和汇总

序号	条　　目	说　　明	格式/例	备　注
		4. 各站的业载情况和汇总		
26	Dest	到达站	CTU	填写三字代码
27	No. of Passengers	过站旅客人数		
28		本站出发至某站旅客人数		

续表

4. 各站的业载情况和汇总

序号	条　目	说　明	格式/例	备　注
29		本站始发和过境本站的旅客总人数（第 27、28 项总和），可选格式：1. 成人 A/儿童 CH/婴儿 ZNF 2. 男性旅客 M/女性旅客 F/儿童 CH/婴儿 ZNF		
30	Cab Bag	客舱行李重量		可省略
31	Total Tr	根据前站 LDM 报或舱单填写过境货邮行等总重（有集装设备的飞机，此栏也用于填集装器的自重）		
32	Total B	行李总重量		
33	Total C	货物总重量		
34	Total M	邮件总重量		
35	Total T	某到达站货邮行重量小计（第 31～34 项总和）		
36	Distribution Weight	各个舱位装载分布（包括过境和本站始发）		
37		各舱位装载重量小计		
	Remarks	备注栏		
38	PAX	旅客（过境）舱位等级总人数		
39		旅客（出发）舱位等级总人数		
40	.PAX/	旅客占座情况（第 38、39 项之和）		
41	PAD	可拉下旅客（过境）舱位等级		
42		可拉下旅客（出发）舱位等级		
43	.PAD/	可拉下旅客占座情况（第 41、42 项之和）		
44		附加备注		
45		旅客总数		
46		客舱行李总数		可省略
47		货邮行重量总计（简称货物总重）		
48		各舱位全部装载总计		
49		各等级占座旅客总数		
50	Total Passenger Weight	旅客总重量		

续表

4. 各站的业载情况和汇总

序号	条 目	说 明	格式/例	备 注
51	TOTAL TRAFFIC LOAD	实际业载		
52	UNDERLOAD BEFORE LMC	剩余业载（在 LMC 之前）		

　　各站的业载情况和汇总部分反映本次航班的业载具体装载情况,到达站填写三字码,婴儿不占座位,所以下面的座位总数是不计入婴儿人数的。货舱重量,分别按照货物、行李、邮件汇总,又按照分别的舱位汇总,填在相应位置。PAX:按舱位等级的占座人数,比如高端经济舱多少人,经济舱多少人。旅客总重量加上货物总重量就得到本次航班实际业载,最大允许业载和实际业载之差就是剩余业载,也就是说还能增加的业载重量。

5. 实际重量数据的计算（图 7-10、表 7-5）

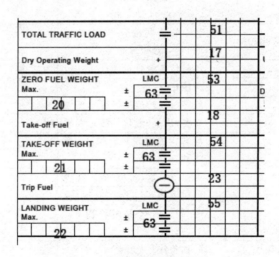

图 7-10　实际重量数据计算

表 7-5　实际重量数据计算

5. 实际重量数据的计算

序号	条 目	说 明	格式/例	备 注
53	ZERO FUEL WEIGHT	实际无油重量,第 17、51 项之和		

续表

5. 实际重量数据的计算

序号	条　目	说　明	格式/例	备　注
54	TAKE-OFF WEIGHT	实际起飞重量,第 18、53 项之和		
55	LANDING WEIGHT	实际落地重量,第 54 项减去第 23 项		

　　实际重量数据包括实际无油重量、实际起飞重量、实际落地重量。实际重量数据计算栏用于计算本次航班的实际无油重量、实际起飞重量、实际落地重量的数据。

6. 最后一分钟修正（图 7-11、表 7-6）

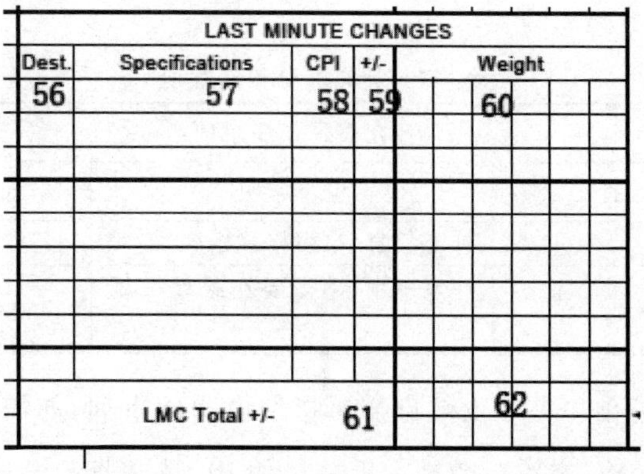

图 7-11　最后一分钟修正

表 7-6　最后一分钟修正

6. 最后一分钟修正(LMC)

序号	条　目	说　明	格式/例	备　注
56	Dest	到达站		三字代码
57	Specifications	发生变更的项目		
58	CPI	变更项目的等级/舱位		
59	+/-	变更项目的加或减		
60	Weight	变更项目重量		
61	LMC Total +/-	最后修正(增或减)		
62	LMC total weight	最后修正总计		
63[①]	LMC	最后修正总计		

注：①见图 7-10。

当载重表已经完成后又有加运或减载的旅客或货物等，需要在最后一分钟修正部分填写。如最后一分钟修正的量在航空公司限制的范围内，可在此栏目增减；而当修正量超过限制，则需要重新制表。

7. 补充信息和注意项（图 7-12、表 7-7）

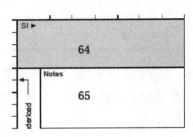

图 7-12　补充信息和注意项

表 7-7　补充信息和注意项

7. 补充信息和注意项				
序号	条　　目	说　　明	格式/例	备　　注
64	SI	补充信息（自由格式）		
65	Notes	注意事项（不需要在载重报显示）		

补充信息和注意项填写本次航班需要特别说明的事项，如需要特别说明的飞机修正后的基本重量 BW，修正后的基本重量指数 BI，特殊物品装载重量、件数和装机位置，特殊旅客座位、行李，飞机重心偏前或偏后提示，加尾撑杆等。

8. 平衡与占座情况（图 7-13、表 7-8）

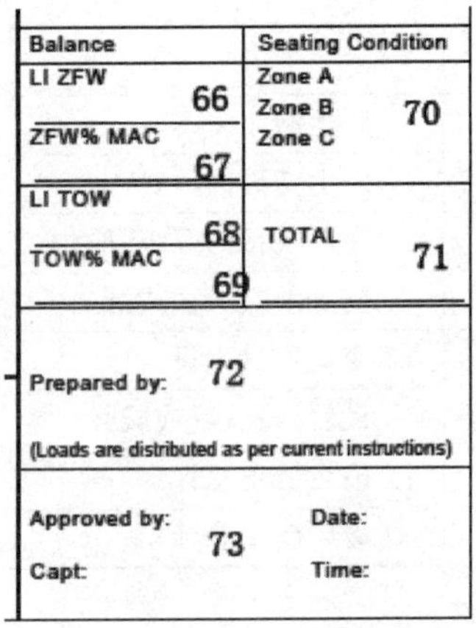

图 7-13　平衡与占座情况

表 7-8　平衡与占座情况

8. 平衡与占座情况

序号	条　目	说　明	格式/例	备　注
66	Balance	根据下面要求填写飞机平衡状态,无油重量/重心,起飞重量/重心,着陆重量/重心,水平尾翼配平等		
67	LI ZFW	无油重心		
68	ZFW％ MAC	起飞重量		
69	TOW％ MAC	起飞重心		
70	Seating Condition	客舱各区占座情况		
71	TOTAL	旅客总数,第 70 项和 LMC 项的合计		
72	Prepared by:	制表人签字		
73	Approved by:	机长签字和日期等		

平衡与占座情况反映航班的平衡状态和旅客占座情况。按要求填写完成后的重量和重心位置,比如无油重量及重心,起飞重量及重心,客舱各区的占座数据,以及制表人和机长的签字。

7.2　平　衡　图

平衡图一般在载重表后面,根据载重表显示的旅客、货物的分布,飞机各实际重量通过图或表的形式计算飞机相关重心,可以显示旅客、货物的分布对飞机重心的影响,指示了飞机最终的无油重心和起飞重心的位置。配载员根据旅客在飞机客舱中的分布以及货舱中各个舱位货物、邮件、行李的重量来计算飞机的无油重心指数,再根据油量分布对飞机重心的影响,计算出飞机的起飞重心指数。根据指数和相对应的重量,配载员在包线图中找出飞机实际无油重心及实际起飞重心的％MAC 值,并判断重心是否在限制范围之内。配载员负责确保在飞行过程中的任何阶段重心位置绝不超过审定极限,保证重心始终在有效的包线范围内。

图 7-14 到图 7-19 分别为第 7.1 节各机型的平衡图。

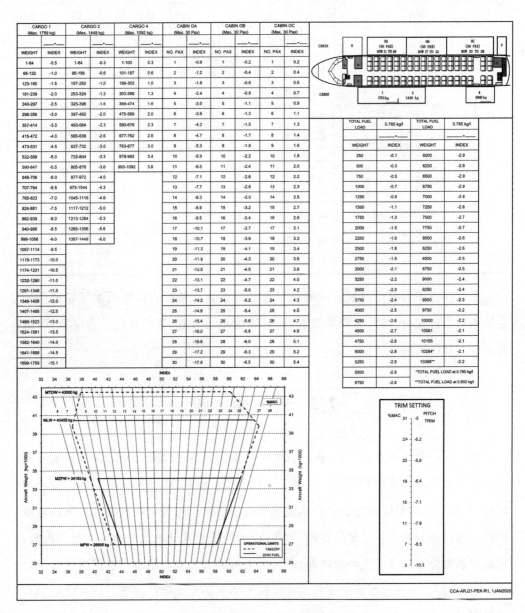

图 7-14　ARJ21-700 平衡图

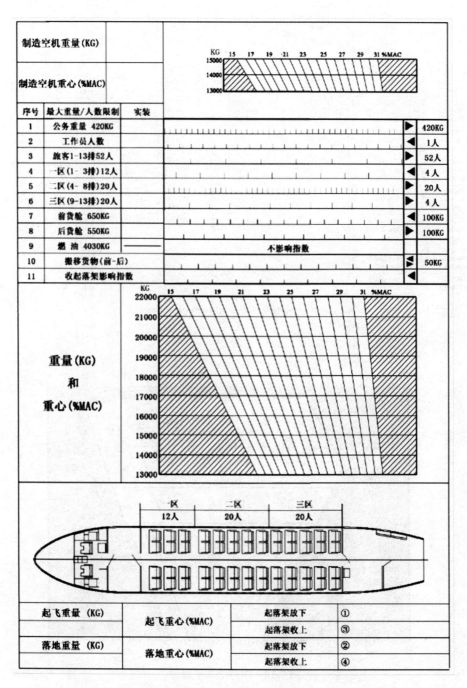

图 7-15　MA60 平衡图

LOAD IN FWD CPT 1	INDEX CORR
0-90	0
91-271	-1
272-451	-2
452-632	-3
633-813	-4
814-994	-5
995-1175	-6
1176-1355	-7
1356-1536	-8
1537-1717	-9
1718-1898	-10
1899-2078	-11
2079-2259	-12
2260-2440	-13
2441-2621	-14
2622-2801	-15
2802-2982	-16
2983-3163	-17
3164-3344	-18
3345-3525	-19
3526-3705	-20
3706-3886	-21
3887-4049	-22

MAX TTL LOAD
1+2=9807

LOAD IN FWD CPT 2	INDEX CORR
0-138	0
139-414	-1
415-691	-2
692-968	-3
969-1244	-4
1245-1521	-5
1522-1798	-6
1799-2074	-7
2075-2351	-8
2352-2627	-9
2628-2904	-10
2905-3181	-11
3182-3457	-12
3458-3734	-13
3735-4011	-14
4012-4287	-15
4288-4564	-16
4565-4841	-17
4842-5117	-18
5118-5394	-19
5395-5670	-20
5671-5947	-21
5948-6224	-22
6225-6500	-23
6501-6777	-24
6778-7054	-25
7055-7330	-26
7331-7607	-27
7608-7883	-28
7884-8098	-29

LOAD IN AFT CPT 3	INDEX CORR
0-274	0
275-824	+1
825-1374	+2
1375-1924	+3
1925-2473	+4
2474-3023	+5
3024-3573	+6
3574-3635	+7

MAX TTL LOAD
3+4=8172

LOAD IN AFT CPT 4	INDEX CORR
0-149	0
150-447	+1
448-745	+2
746-1043	+3
1044-1341	+4
1342-1639	+5
1640-1937	+6
1938-2236	+7
2237-2534	+8
2535-2832	+9
2833-3130	+10
3131-3428	+11
3429-3726	+12
3727-4025	+13
4026-4323	+14
4324-4621	+15
4622-4919	+16
4920-5217	+17
5218-5453	+18

LOAD IN AFT CPT 5	INDEX CORR
0-98	0
99-296	+1
297-493	+2
494-690	+3
691-888	+4
889-1085	+5
1086-1283	+6
1284-1480	+7
1481-1677	+8
1678-1875	+9
1876-2072	+10
2073-2270	+11
2271-2467	+12
2468-2664	+13
2665-2862	+14
2863-2926	+15

* THE LAST NUMBER OF EACH CPT/CAB IS THE MAX ALLOWED

PAX IN CABIN A	INDEX CORR
0-1	0
2-3	-1
4-6	-2
7-8	-3
9-10	-4
11-13	-5
14-15	-6
16-18	-7

PAX IN CABIN B	INDEX CORR
0-2	0
3-6	-1
7-10	-2
11-14	-3
15-18	-4
19-23	-5
24-27	-6
28-31	-7
32-35	-8
36-39	-9
40-44	-10
45-48	-11
49-52	-12
53-57	-13
58-61	-14
62-66	-15

PAX IN CABIN C	INDEX CORR
0-3	0
4-9	+1
10-16	+2
17-23	+3
24-29	+4
30-36	+5
37-43	+6
44-50	+7
51-57	+8
58-63	+9
64-70	+10
71-77	+11
78-84	+12
85-91	+13
92-97	+14
98-104	+15
105-111	+16
112-118	+17
119-125	+18
126-130	+19

图 7-16 B767-200 平衡图

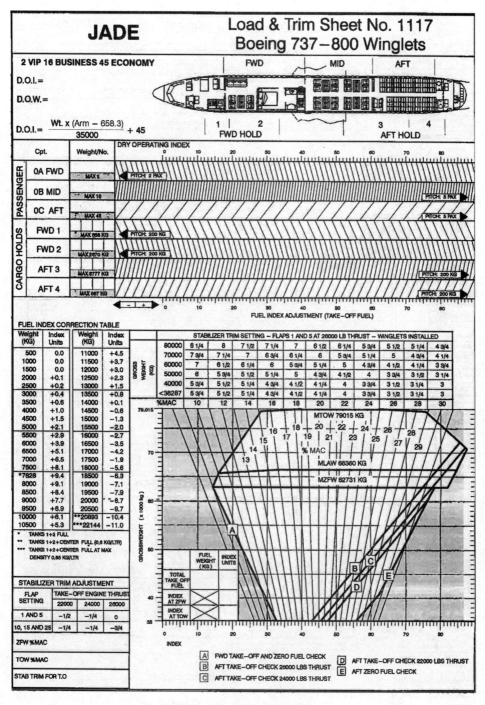

图 7-17　B737-800 平衡图

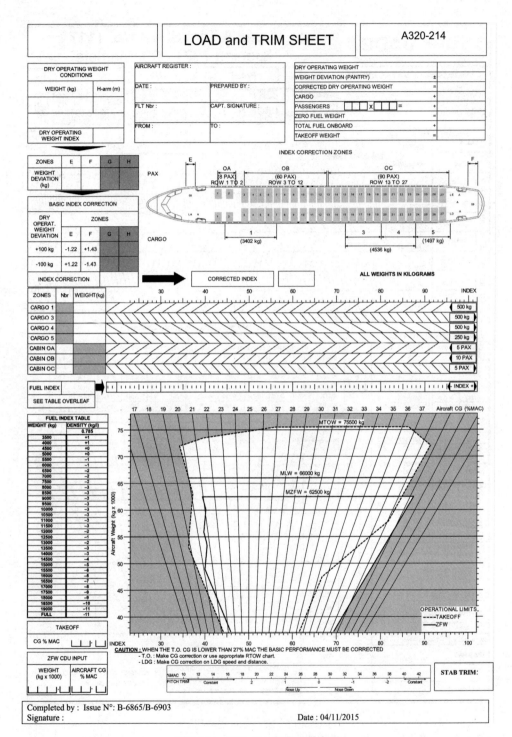

图 7-18　A320-214 折线型平衡图

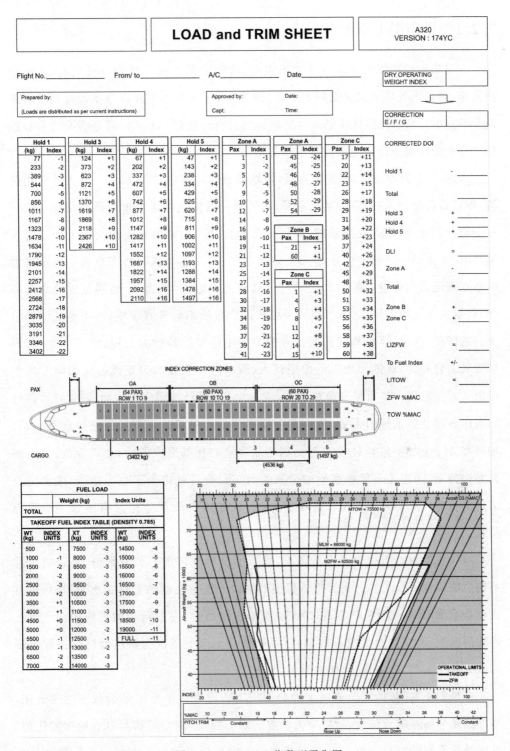

图 7-19　A320-214 指数型平衡图

7.2.1　平衡图工作原理

在飞机的纵轴线上设定一个基准点后，首先根据空机重量和空机重心，求出空机力矩，再求出各项装载重量的力矩，得到总力矩；由总力矩除以总重量得到重心距离基准点的位置；再换算成平均空气动力弦长百分比（％MAC），就是需要的重心数据。平衡图根据该计算原理设计成图表形式。

以图 7-20 为例说明，纵轴为重量，横轴为力矩，图中每条线代表一个力的作用位置，即弦长百分比，找到纵轴某个重量，水平画一条横线与这个重量所在位置的弦长百分比线相交，从交点处做垂线，横轴读数即为其产生的力矩大小。以某个位置为基准，比如图例中以弦长百分比 35％处为基准，那么落在该处所有重量的力矩都为0，落在基准后面位置处的力产生顺时针转动的力矩，定义为正，相同位置处力臂一样，重量大产生的力矩就大，所以同一弦长的力矩线不是垂直于横轴，而是随纵轴向上向右倾斜，同理，落在基准前面位置的力产生逆时针转动的力矩，定义为负，相同位置处力臂一样，重量大产生的力矩就大，所以同一弦长的力矩线随纵轴向上向左倾斜。首先根据空机重量和空机重心，求出空机力矩，如图中 W_E 对应的 M_E，再分别求出各项装载重量的力矩，依次在前面得到的力矩基础上进行加减得到总力矩，如图在 M_E 上加上旅客对应的 M_P，因为旅客重心在基准点前面，力矩为负，总力矩向左边移动，同理加上货物和燃油带来的力矩影响后就得到了总力矩值，或者说总力矩的位置，总力矩和飞机总重相交，交点落在的弦长百分比数值即为飞机重心位置。

将飞机的重心包线置于平衡图上，除了能读出具体重心位置数值，是否超出重心前后限制也一目了然。另外把该机型限制最大重量在纵轴上标示出来，也可以再次检查重量限制。如图 7-21 A320-214 重心包线所示，左右两边的虚线为起飞重心的前后限制，实线为无油重心限制，三条横线从上向下依次为该机型结构强度限制的最大起飞重量、着陆重量、无油重量。

在填制平衡图时，完全遵照上面介绍的工作原理。平衡图是指数法的图表化，基准点是平衡基准点位置，指数是力矩数的缩小数，空机力矩被基本重量指数代替。各项装载重量的力矩数即各业载的指数。基本重量指数和各业载的指数和就是总

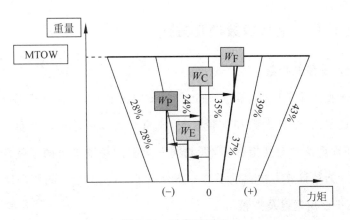

图 7-20　平衡图原理

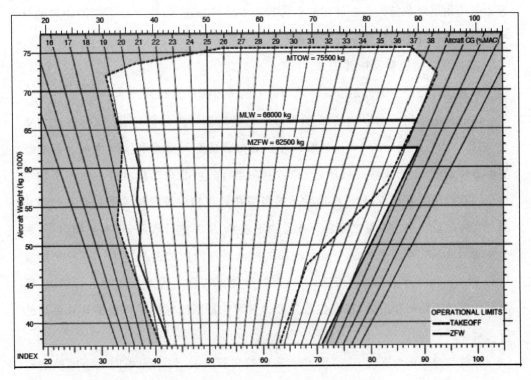

图 7-21　A320-214 重心包线

力矩。查表隐含了总力矩除以总重量和换算成％MAC 的过程。因此我们在填平衡图时，实际上要完成飞机总重量的计算和总指数（总力矩）的计算，以及查表（换算成％MAC）的工作。

7.2.2 各装载重量及指数确定方法

1. 干使用重量及指数

飞机的干使用重量(基本重量)通过称重的方法获得,包括飞机基本空重以及按照标准配备的机组、乘务人数和配餐重量,飞机在大修后其重量及重心位置可能会变化,应重新称重及确定其指数值,因此同一机型的每架飞机的干使用重量和指数都可能不同。指数计算方法在前面第 6 章介绍了,按机型给出的数据计算即可。

2. 修正干使用重量及指数

如果机组、乘务人数或者配餐和标准配备不同,则要对重量和指数做修正,称为修正干使用重量及指数。重量在前面装载表中已经修正了,指数在平衡图相关部分按飞机制造厂商给出的数据进行计算。

3. 旅客货物重量及指数

旅客及货物产生的力矩或说指数与它们的重量和位置有关。

民航总局给出了用以确定旅客和行李重量的四种方法,分别是按标准平均重量、根据调查数据确定的平均重量、按座位数分级的平均重量和实际重量。其中按实际重量的方法,统计数据最接近真实,但在运行时可能有操作难度。使用平均重量是经常选用的方法,这种方法消除了很多潜在的与相对较轻物体重量有关的误差源。实际重量与平均重量之间会存在着一定差异,概率统计表明,样本规模越小(例如客舱尺寸),样本的平均值与更大规模的样本平均值的偏差会越大。三种平均重量的方法中,根据调查数据确定的平均重量可能更符合运营人具体的运行情况,标准平均重量更简便和高效,按座位数分级的平均重量则比标准平均重量具有更高的安全裕度。

将航空器分成大客舱、中客舱和小客舱航空器三类,便于为不同大小的航空器提供相应的重量与平衡指导,见表 7-9。

表 7-9 航空器的类别

航空器初始型号合格审定的旅客座位数	类 别 名 称
71 座以上(含 71 座)	大客舱航空器
30~70 个座位(含 30 座和 70 座)	中客舱航空器
5~29 个座位(含 5 座和 29 座)	小客舱航空器

旅客座位少于 5 个的航空器必须使用旅客和行李的实际重量。

（1）大客舱航空器。大客舱航空器运营人可使用标准平均重量或其他方法确定旅客和行李重量。如果运营人认定已有的标准平均重量在其运营的某些航线或地区不具有代表性，那么运营人可按咨询通告 AC-121-FS-135《航空器重量与平衡控制规定》的规定，积极开展调查，确定更为合适的平均重量用于该航线或地区的运营。

（2）中客舱航空器。中客舱航空器首先应被评估，确定这种航空器是否应被视作大客舱或小客舱航空器来处理。

（3）小客舱航空器。小客舱航空器运营人可以申请获准使用下列任一方法来计算航空器的重量与平衡：a. 使用实际旅客重量和行李重量。b. 使用按座位数分级的旅客平均重量和行李重量。c. 在满足一定条件的情况下，可使用适用于大客舱航空器的标准平均旅客重量和行李重量，或使用根据局方认可的通过调查得出的平均重量。

目前商业运营的飞机基本都属于大客舱航空器，航空公司也多采用标准平均重量进行计算。旅客平均体重的选取是根据我国第四次国民体质监测数据（2014 年实施）及我国运营人 2017 年和 2018 年全年航班上我国国内公民各年龄段乘机的次数进行加权平均计算得出的结果，考虑夏季和冬季服装、手提行李和个人物品重量，假设成年男女的比例各为 50% 等条件，计算并圆整后得出表 7-10 中所示重量。

表 7-10　标准平均旅客重量表（境内运行）

标准平均旅客重量	每位旅客重量
成年旅客平均重量	75kg
儿童平均重量（满 2 周岁但不满 12 周岁）	38kg
婴儿平均重量（不满 2 周岁）	10kg

如果决定对交运行李使用标准平均重量，则运营人应使用至少 14kg 的标准平均重量。

一般每人按 70kg 体重＋5kg 手提行李＝75kg 计，其余的免费行李 15kg 按放在货舱中计算，货物及交运行李按实际重量计。货舱一般有前货舱、后货舱，大飞机可能有中货舱和散货舱。为了方便计算旅客产生的力矩（指数），客舱一般分为若干段。同样的重量在不同段或不同的货舱内产生的指数不同，在配平图表上可直接给出它们的指数，也可用条格表示指数的大小，在图上左右移动即可把客、货的指数相加减。

旅客和货物产生的力矩取决于它们的作用点,精确到每个座位或者每排座位工作量太大,一般把客舱和货舱分区,确定平均位置。对每个舱段或者说对每个区,要确定它的"平均位置"(假定该区的旅客或货物都集中在这个点上)和可能产生的力矩的最大误差,以一个客舱区为例加以说明:

设该区共有 N 个座位,每个座位(旅客)的平衡力臂为 L_i;设每个旅客重量 W=常数,则"平均位置"的平衡力臂 L 为:

$$L = \frac{\sum_{i=1}^{N} WL_i}{\sum_{i=1}^{N} W} = \frac{\sum_{i=1}^{N} L_i}{N}$$

当假定旅客(不论几个)的重量始终集中在这个平均位置上时,这个舱的旅客所产生的力矩是人数(重量)的线性函数。实际旅客就座时的重心并不一定在这个平均位置上,实际产生的力矩和按上述假定算出的力矩有差别,在计算可能产生的最大力矩误差时,假定旅客选择座位时符合人们选择座位的心理状态,分散均匀选择座位,这样可以计算出产生力矩的误差,就可得到向两个方向(使重心向前、向后移动)的力矩的最大误差。

确定了各区的"平均位置"后,就可算出每××名旅客或每×××kg 货物对基准点产生的力矩(设它们都集中作用在平均位置上)和相应的指数,如平均位置在重心基准点之前,指数就是负的,反之为正。计算结果可以列成表格,其中的数值就是后面讨论的指数法中相关旅客货物对应的指数,这样可以利用计算的方法确定重心位置。通常的做法是画成图,就是折线型平衡图中该部分内容,在图上标出每××名旅客或每×××kg 货物向左(如指数为负)或向右(如指数为正)移动一格,这样在图上用左右移动的方法就可进行指数的加减(实际上就是力矩的加减)。如果把中间某客舱区的平均位置选作重心基准,则该区的旅客就不产生力矩,指数为零,在配平图上该区对应的那一条就是空白,没有斜格。客、货舱的区越靠前或靠后,同样多的客、货产生的力矩就越大,指数也就越大,因此移动的距离就越大(图上的斜格越宽)。在每一个区内同样多的旅客坐在该区靠前或靠后处产生的力矩差别较大,而在配平图中是移动同样的距离,即指数都相同,这是因为计算时是假定他们的重量都集中在平均位置上。当然事实并非如此,但因为旅客选取座位时是趋于均匀分布的,旅客不会都集中在该区的后面或前面,制作配平图时已针对各不同旅客数、旅客选取座位的趋势计算了可能造成的力矩偏差的最大值及由此可能造成的重心偏差,把允许的重心范围做了相应的缩小。因此在一个区内的旅客不论坐在何处都移动相同的格子即可。当然,乘务员应使旅客均匀就座,不要把旅客都集中在前面或后面。

装载配平图上一般都有布局图,图上给出客舱各段(区)的位置及座位数、各货舱位置及最大装货量。安排旅客、货物时不得超过这些限制。A320-214 布局图如图 7-22 所示。

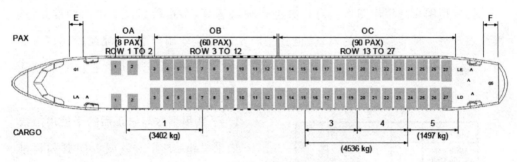

图 7-22　布局图

4. 燃油重量及指数

每个航班加装的燃油数,航程消耗多少燃油,备份油量是多少这些参数在第 3.3 节飞行计划计算中得出。

燃油指数的大小与所加油量多少有关,其变化关系或用一个数值表给出或用一个图给出。这由用户在订货时自行选定。一般加油时油先加到翼尖油箱,然后再加到翼根油箱、机身油箱中,用油顺序相反。由于现代高亚音速飞机多采用后掠机翼,机翼后掠,所以当油少时,油都在矩心之后,力矩为正即指数为正,随油量增加,油的重心前移,油量从零开始增加时,力矩先增大,即指数增大,当油量增加到处于矩心之前时,再加入的油量的力矩为负,故总的燃油力矩开始逐渐减少,甚至小于 0,即指数变小变负。不同机型的油箱位置不同,加油的顺序也可能不同,因此燃油指数的变化规律也各有不同。为了使在飞行中随油量的减少不使飞机的重心变化过大,都是设计得使燃油指数围绕 0 在某一正负区间内变化。另外,燃油指数还与其比重(或说密度)有关,因为比重不同时,相同重量的燃油的体积不同,其重心位置就不同,对重心基准点的力矩即指数也就不同。

各装载部分的力矩计算有两种方法。一种是折线型,用调准线表示每一种装载项目的增量,也就是向左向右移动调准线,用作图形式对指数进行加法运算,以确定飞机重心。另一种是指数型图,用数字对重量和指数进行加法运算,确定飞机重量和重心,用指数表代替调准线,直接进行加减计算。下面分别介绍这两种方法。图 7-18 和图 7-19 分别是 A320-214 的折线型平衡图和指数型平衡图。

7.2.3　折线型指数计算

折线型图表是用作图形式对指数进行加法运算,在指数标尺上画出调准线,调准线表示每一种装载项目的增量,也就是向左向右移动调准线,调准线所在位置相当于某一力矩大小,最后位置就是力矩值,以此为依据确定飞机重心。本节使用A320-214 的平衡图进行说明。

ZONES	E	F	G	H
WEIGHT DEVIATION (kg)				

BASIC INDEX CORRECTION				
DRY OPERAT. WEIGHT DEVIATION	ZONES			
	E	F	G	H
+100 kg	-1.22	+1.43		
-100 kg	+1.22	-1.43		
INDEX CORRECTION				

图 7-23　干使用重量及指数修正部分

1. 干使用指数与修正后的干使用指数

如果机组、乘务人数或者配餐和标准配备不同,指数在图 7-23 所示干使用重量及指数修正图部分,根据航班的机组、设备等的调整对飞机基本指数进行修正,以修正后的干使用指数为基点标在指数标尺上,比如 A320-214 标准干使用指数为 50.78,在 E 区(前厨房)减去了 100kg 的餐食重量,指数加上 1.22,修正后干使用指数为 52,那么在指数标尺上找到 52,后面以此为起点进行作图。

2. 根据货物与旅客分布调整飞机重心指数

将各货舱分区重量填写在相应货舱分区栏内,并确认不超过各货舱分区的最大重量。

从基点画一垂直线与第一条装载项斜标线相交,由交点沿斜标线按单位装载量的移动方向画一条横线，其格数与实际装载量所折合的单位相等，到达于一点；由此点向下引垂直线与第二条斜标线相交，以交点为新的起点，完成各货舱分区实际装载重量对飞机指数的调整。

如图 7-24，比如货舱 3 区装载重量为 480kg，货舱 4 区装载重量为 1 800kg，货舱 5 区装载重量为 100kg。在图 7-24 中作图，从指数值 52 处画一垂直线向下，因货舱 1 区没有装载重量，故垂线直接画到货舱 3 区，和第一条装载项斜标线相交，根据图示，该区每 500kg 重量应向右移动一格，实际装载的 480kg 不到 500kg，480 除以 500 等于 0.96，由交点向右画一条横线，移动 0.96 格，由该点继续向下作图，货舱 4 区向右移动 3.6 格，货舱 5 区向右移动 0.4 格。如果格数不是整数，或者基础指数不是整数，制图工作人员尽量精确作图。

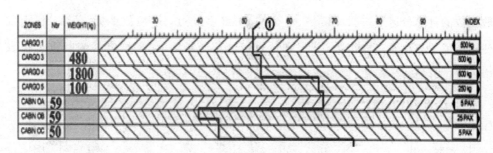

图 7-24　装载项调整

同理，将每一区的旅客人数填写在相应旅客分区栏内，并确认不超过各区的最大座位数；客舱 A 区旅客人数为 59 人，客舱 B 区旅客人数为 59 人，客舱 C 区旅客人数为 50 人。

以前面步骤的货物对飞机重心指数的调整为起点，完成旅客各区分布人数对飞机指数的调整，根据图示，A 区每 5 人应向左移动一格，59 除以 5 等于 11.8，由交点向左画一条横线，移动 11.8 格，由该点继续向下作图，B 区向右移动 2.36 格，C 区向右移动 10 格。这时得到的指数线即为无油重量对应的指数，后续做无油重心时就利用该线。图 7-25 为另一机型的折线图样例，使用方法一致。

7.2.4　指数型指数计算

指数型的计算更加简化。仅需将每一舱位的载量（包括客舱和货舱）的指数修

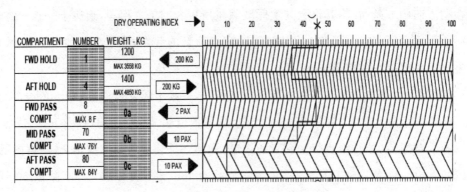

图 7-25　折线型另一图例

正转化成指数,并将所有的业载、指数求和直接计算。

如图 7-26 所示,该机型指数的计算分区对应为 Hold1、Hold3、Hold4、Hold5,客舱指数的计算分区对应为 ZoneA、ZoneB、ZoneC。通过每个舱位重量、客舱分区人数使用插值法查找对应的指数,并求和计算无油重心指数,如果给定的装载重量在表中没有正好对应的数值,那需要根据相邻的数值进行插值计算。

Hold 1		Hold 3		Hold 4		Hold 5		Zone A		Zone A		Zone C	
(kg)	Index	(kg)	Index	(kg)	Index	(kg)	Index	Pax	Index	Pax	Index	Pax	Index
77	-1	124	+1	67	+1	47	+1	1	-1	43	-24	17	+11
233	-2	373	+2	202	+2	143	+2	3	-2	45	-25	20	+13
389	-3	623	+3	337	+3	238	+3	5	-3	46	-26	22	+14
544	-4	872	+4	472	+4	334	+4	7	-4	48	-27	23	+15
700	-5	1 121	+5	607	+5	429	+5	9	-5	50	-28	26	+17
856	-6	1 370	+6	742	+6	525	+6	10	-6	52	-29	28	+18
1 011	-7	1 619	+7	877	+7	620	+7	12	-7	54	-29	29	+19
1 167	-8	1 869	+8	1 012	+8	715	+8	14	-8			31	+20
1 323	-9	2 118	+9	1 147	+9	811	+9	16	-9	Zone B		34	+22
1 478	-10	2 367	+10	1 282	+10	906	+10	18	-10	Pax	Index	36	+23
1 634	-11	2 426	+10	1 417	+11	1 002	+11	19	-11	21	+1	37	+24
1 790	-12			1 552	+12	1 097	+12	21	-12	60	+1	40	+26
1 945	-13			1 687	+13	1 193	+13	23	-13			42	+27
2 101	-14			1 822	+14	1 288	+14	25	-14	Zone C		45	+29
2 257	-15			1 957	+15	1 384	+15	27	-15	Pax	Index	48	+31
2 412	-16			2 092	+16	1 478	+16	28	-16	1	+1	50	+32
2 568	-17			2 110	+16	1 497	+16	30	-17	4	+3	51	+33
2 724	-18							32	-18	6	+4	53	+34
2 879	-19							34	-19	8	+5	55	+35
3 035	-20							36	-20	11	+7	56	+36
3 191	-21							37	-21	12	+8	58	+37
3 346	-22							39	-22	14	+9	59	+38
3 402	-22							41	-23	15	+10	60	+38

图 7-26　指数计算

插值法又称"内插法",是利用函数 $f(x)$ 在某区间中已知的若干点的函数值,做出适当的特定函数,在区间的其他点上用这特定函数的值作为函数 $f(x)$ 的近似值,如果这特定函数是多项式,就称它为插值多项式。线性插值法是指使用连接两个已知量的直线来确定在这两个已知量之间的一个未知量的值的方法，装载指数计算均采用线性插值法（见图 7-27）。

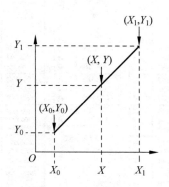

图 7-27　线性插值法

假设我们已知坐标 (X_0, Y_0) 与 (X_1, Y_1)，要得到 $[X_0, X_1]$ 区间内某一位置 X 在直线上的值，根据图中所示，我们得到两点式直线方程：

$$\frac{Y - Y_0}{Y_1 - Y_0} = \frac{X - X_0}{X_1 - X_0} \tag{7-1}$$

$$Y = Y_0 + \frac{Y_1 - Y_0}{X_1 - X_0}(X - X_0) \tag{7-2}$$

例 7-1　1 舱 700kg，3 舱 600kg，4 舱 1 822kg，5 舱 200kg，OA 区旅客 30 人，OB 区旅客 50 人，OC 区旅客 28 人。

1 舱 700kg 对应指数：−5；

3 舱 600kg 对应指数：在 (373, 2) 和 (623, 3) 中进行插值计算，

$$Y = 2 + \frac{3 - 2}{623 - 373}(600 - 373) = 2.908$$

4 舱 1 822kg 对应指数：14；

5 舱 200kg 对应指数：插值计算得到 2.6；

OA 区旅客 30 人对应指数：−17；

OB 区旅客 50 人对应指数：1；

OC 区旅客 28 人对应指数：18

以上业载对应指数求和：$(-5 + 2.908 + 14 + 2.6 - 17 + 1 + 18) = 16.508$

B767-200 的指数计算如图 7-28，这样一个重量区间对应一个指数，就不需要做

插值计算了,更加简单。

LOAD IN FWD CPT 1

LOAD IN FWD CPT 1	INDEX CORR
0-90	0
91-271	-1
272-451	-2
452-632	-3
633-813	-4
814-994	-5
995-1175	-6
1176-1355	-7
1356-1536	-8
1537-1717	-9
1718-1898	-10
1899-2078	-11
2079-2259	-12
2260-2440	-13
2441-2621	-14
2622-2801	-15
2802-2982	-16
2983-3163	-17
3164-3344	-18
3345-3525	-19
3526-3705	-20
3706-3886	-21
3887-4049	-22

MAX TTL LOAD 1+2=9807

LOAD IN FWD CPT 2	INDEX CORR
0-138	0
139-414	-1
415-691	-2
692-968	-3
969-1244	-4
1245-1521	-5
1522-1798	-6
1799-2074	-7
2075-2351	-8
2352-2627	-9
2628-2904	-10
2905-3181	-11
3182-3457	-12
3458-3734	-13
3735-4011	-14
4012-4287	-15
4288-4564	-16
4565-4841	-17
4842-5117	-18
5118-5394	-19
5395-5670	-20
5671-5947	-21
5948-6224	-22
6225-6500	-23
6501-6777	-24
6778-7054	-25
7055-7330	-26
7331-7607	-27
7608-7883	-28
7884-8098	-29

LOAD IN AFT CPT 3	INDEX CORR
0-274	0
275-824	+1
825-1374	+2
1375-1924	+3
1925-2473	+4
2474-3023	+5
3024-3573	+6
3574-3635	+7

MAX TTL LOAD 3+4=8172

LOAD IN AFT CPT 4	INDEX CORR
0-149	0
150-447	+1
448-745	+2
746-1043	+3
1044-1341	+4
1342-1639	+5
1640-1937	+6
1938-2236	+7
2237-2534	+8
2535-2832	+9
2833-3130	+10
3131-3428	+11
3429-3726	+12
3727-4025	+13
4026-4323	+14
4324-4621	+15
4622-4919	+16
4920-5217	+17
5218-5453	+18

LOAD IN AFT CPT 5	INDEX CORR
0-98	0
99-296	+1
297-493	+2
494-690	+3
691-888	+4
889-1085	+5
1086-1283	+6
1284-1480	+7
1481-1677	+8
1678-1875	+9
1876-2072	+10
2073-2270	+11
2271-2467	+12
2468-2664	+13
2665-2862	+14
2863-2926	+15

* THE LAST NUMBER OF EACH CPT/CAB IS THE MAX ALLOWED

图 7-28　B767-200 指数型

7.2.5　重心作图法

1. 无油重心

根据折线型和指数型两种方法,均得到了无油重量对应的指数标尺位置或者是指数数值,按得到的无油重量对应的指数画一垂直线至重心包线位置区域,此线为航班无油重量指数线,其与无油重量横线相交点就是该航班飞机的无油重量重心位置,注明 ZFWMAC,即根据此重心在%MAC 线组的位置,得出 ZFW 的%MAC。

如图 7-29 所示,指数为 80.8,重量为 57.8t,其重心位置为 37.5%MAC。

2. 起飞重心

根据航班的起飞油量,在"飞机燃油重量指数表"中,查出起飞油量对应的修正指数,根据该指数对无油重量指数线进行调整,可得飞机实际起飞重量指数线,飞机

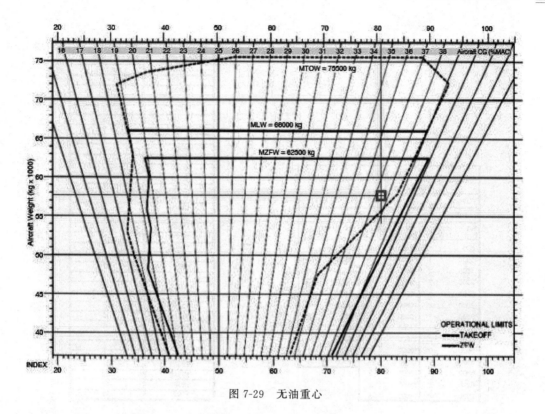

图 7-29　无油重心

实际起飞重量指数线与起飞重量横线交点即是该航班飞机的起飞重量重心位置,注明 TOWMAC。根据此重心在%MAC 线组的位置,得出 TOW 的%MAC。

在"飞机燃油重量指数表"中,查出起飞油量对应的修正指数,根据该指数对无油重量指数线(即 1 步得到的线段)进行调整,可得飞机实际起飞重量指数线。如图 7-30 和图 7-31 所示,如起飞油量为 9 000kg,则指数为−3。

在图 7-32 中,燃油指数每减 1 向左移动一格,加 1 向右移动一格,如果起飞油量为 9 000kg,指数为−3,那么向左移动 3 格,此时指数的读数即为飞机起飞重量对应的指数。

如图 7-33 所示,无油指数为 80.8,减去 3 个燃油指数修正,起飞指数为 80.8−3=77.8,无油重量为 57.8t,加上 9 000kg 的起飞燃油,起飞重量为 57 800+9 000=66 800kg,根据交点读取其重心位置为 34.5%MAC。

有的机型在此处要求计算滑行全重重心,也就是停机坪总重处重心,那么需要加上滑行消耗燃油,这两个重量相差不大,影响不大,按机型载重平衡图表要求和提示一步一步完成即可。

FUEL INDEX TABLE	
WEIGHT (kg)	DENSITY (kg/l)
	0.785
3500	+1
4000	+1
4500	+0
5000	+0
5500	−1
6000	−1
6500	−2
7000	−2
7500	−2
8000	−3
8500	−3
9000	−3
9500	−3
10000	−3
10500	−3
11000	−3
11500	−3
12000	−2
12500	−1
13000	−2
13500	−3
14000	−3
14500	−4
15000	−5
15500	−6
16000	−6
16500	−7
17000	−8
17500	−9
18000	−9
18500	−10
19000	−11
FULL	−11

FUEL LOAD			
	Weight (kg)		Index Units
TOTAL			
TAKEOFF FUEL INDEX TABLE (DENSITY 0.785)			

WT (kg)	INDEX UNITS	XT (kg)	INDEX UNITS	WT (kg)	INDEX UNITS
500	-1	7500	-2	14500	-4
1000	-1	8000	-3	15000	-5
1500	-2	8500	-3	15500	-6
2000	-2	9000	-3	16000	-6
2500	-3	9500	-3	16500	-7
3000	+2	10000	-3	17000	-8
3500	+1	10500	-3	17500	-9
4000	+1	11000	-3	18000	-9
4500	+0	11500	-3	18500	-10
5000	+0	12000	-2	19000	-11
5500	-1	12500	-1	FULL	-11
6000	-1	13000	-2		
6500	-2	13500	-3		
7000	-2	14000	-3		

图 7-30　燃油重量指数表例 1　　　　　图 7-31　燃油重量指数表例 2

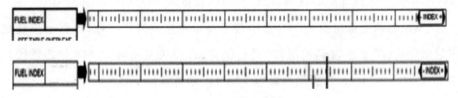

图 7-32　燃油指数调整栏

3. 尾翼配平值

水平安定面或者升降舵配平片设定值和飞机起飞重心位置相关,根据上面得到的起飞重心位置可以查找得到尾翼配平值,根据 TOW 的%MAC 得出相对应的水平安定面配平角度即 STAB。

如图 7-34 所示,起飞重心在 32.6%,那么在配平片读数栏读取配平片应向下偏转 0.8。

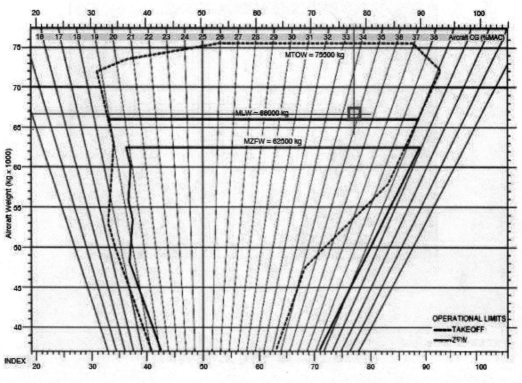

图 7-33　起飞重心

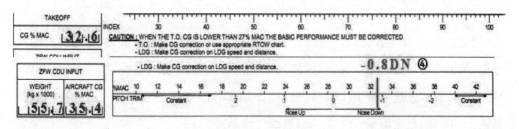

图 7-34　　配平片栏

　　也有的机型的配平片不是单独一栏,而是做在重心包线图里面,如图 7-35 所示,图中"①""②""③"这样的斜线就是配平片设定值标识线,起飞重心落在哪条线上,圈中数值即为尾翼配平设定值。

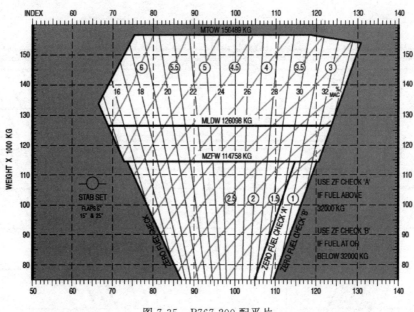

图 7-35　B767-200 配平片

7.3　载重平衡图表填制

7.3.1　空客折线型载重平衡图填制

以 A320 机型举例,航班信息如下:

2021 年 11 月 4 日,天津—海口,飞机号省略,W 为高端经济舱,Y 为经济舱或普通舱,W18Y156,18 个高端经济舱座位,156 个经济舱座位。基本重量 BW:43 192kg,基本重量指数 BI:52.7,机组:3/6(非标准机组重量修正:+154kg,指数修正:-0.7),起飞油量:11 700kg,航线耗油:5 393kg。

旅客信息:W18Y150,总人数 169 人(成人 165,儿童 3,婴儿 1),客舱 A 区 59人,B 区 59 人,C 区 50 人,该航空公司采用自己公司的调查数据进行旅客重量的确定,按成人 72kg、儿童 36kg、婴儿 10kg 计算,最终按 72×165+36×3+10×1＝11 998(kg)计算旅客总重量。

货邮行信息:行李 380kg(28 件),货物 1 900kg,邮件 100kg,其中行李 80kg 放在货舱 3,行李 300kg 放在货舱 4,货物 400kg 放在货舱 3,货物 1 500kg 放在货舱 4,

邮件 100kg 放在货舱 5。

最大允许起飞重量 77 000kg,最大允许着陆重量 64 500kg,最大无油重量 61 000kg。

航班基本信息以及报文填写被忽略,只说明图表制作相关数据,将座位数 W18Y156,机组人数 3/6 和日期填在表头相应位置,见图 7-36。

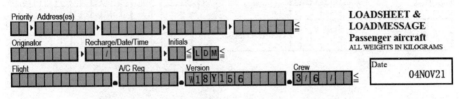

图 7-36　表头

基本重量 BASIC WEIGHT:空机重量和标准项目之和,标准项目包含标准机组、标准配餐重量,43 192kg。

机组 Crew:非标准机组重量修正,+154kg。

餐食 Pantry:非标准餐食重量修正,0kg。

修正后的干使用重量 DRY OPERATING WEIGHT:43 192+154＝43 346(kg)。

营运重量 OPERATING WEIGHT:干使用重量和起飞油量之和,43 346＋11 700＝55 046(kg)。

最大允许起飞重量 ALLOWED WEIGHT FOR TAKE-OFF:是受最大无油重量限制、最大起飞重量限制、最大着陆重量限制的最大允许起飞重量,最大无油重量 61 000kg 加上这次航班的起飞油量 11 700kg,得到 72 700kg,只要起飞重量不超过 72 700kg,那么消耗完 11 700kg 的油量后,飞机的无油重量就不会超过最大无油重量 61 000kg,这个 72 700kg 就称为受最大无油重量限制的最大起飞重量。同理,最大着陆重量 64 500kg 加上航程油量 5 393kg 得到受最大着陆重量限制的最大起飞重量 69 893kg 和最大起飞重量 77 000kg。这三者当中最小的 69 893kg 即为该次航班最大允许起飞重量。

最大允许业载 ALLOWED TRAFIC LOAD:在 a、b、c 三者最小值 69 893kg 下面继续填表,减去前面得到的营运重量 55 046kg 得到最大允许业载 14 847kg。

具体填写见图 7-37。

BASIC WEIGHT		4	3	1	9	2				ZERO FUEL		TAKE-OFF		LANDING			
Crew				1	5	4	MAXIMUM WEIGHT FOR			6	1	0	0	0		6	4	5	0	0
Pantry							Take-off Fuel			1	1	7	0	0	Trip fuel		5	3	9	3
DRY OPERATING WEIGHT		4	3	3	4	6	ALLOWED WEIGHT FOR TAKE-OFF (Lowest of a, b or c)	a 7	2	7	0	0	b 7	7	0	0	0	c 6	9	8	9	3
Take-off Fuel		1	1	7	0	0	Operating Weight										5	5	0	4	6
OPERATING WEIGHT		5	5	0	4	6	ALLOWED TRAFIC LOAD										1	4	8	4	7

图 7-37　营运重量及允许业载

实际业载组成分布见图 7-38。到达站 Dest：三字码海口 HAK,M 和 A/F 可理解为成人重量,将 165 名成人填在 A 下面,3 名儿童 CH,1 名婴儿 INF,婴儿不占座位,所以总人数是 169 人但下面的座位总数为 168。

Dest.	No. of Passengers				Cab Bag		Total			Distribution Weight					Remarks			
	M	A/F	CH	INF						1	3	4	5	0	PAX		PAD	
															Y		Y	
—						Tr									W	18		
HAK		165	3	1		B		3	8	0	80	300			Y	150		
						C	1	9	0	0	400	1500			.PAX/ / /		.PAD/ / /	
						M		1	0	0			100					
•	/ / / /					.T	2	3	8	0.1/	.3/ 480	.4/ 1800	.5/ 100	.0/				
—						Tr												

图 7-38　实际业载

货舱重量,分别按照货物、行李、邮件汇总,又按照分别的舱位货舱 3、货舱 4、货舱 5 汇总,填在相应位置。

备注信息,PAX：按舱位等级的占座人数,高端经济舱 10 人,经济舱 150 人。

如图 7-39 所示,旅客总重 Total Passenger Weight,11 998kg；货物总重 2 380kg。

总业载 TOTAL TRAFIC LOAD,旅客重量和货舱装载之和,11 998＋2 380＝14 378kg。

修正后的干使用空重 Dry operating weight,43 346kg。

实际无油重量 ZERO FUEL WEIGHT,修正后的干使用重量和总业载之和,14 378＋43 346＝57 724kg,实际无油重量应小于最大无油重量 61 000kg。

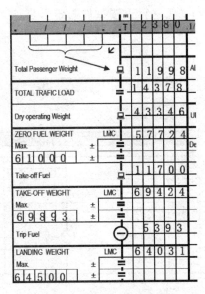

图 7-39　实际重量

实际起飞重量 TAKE-OFF WEIGHT，无油重量和起飞油量之和，57 724＋11 700＝69 424（kg），实际起飞重量应小于最大起飞重量，由于计算最大业载时已计算最大起飞重量 C 值，所以此处最大起飞重量应为 C 值，否则失去此处的校验意义。

实际着陆重量 LANDING WEIGHT，指实际起飞重量和航线耗油之差，69 424－5 393＝64 031kg，实际着陆重量应小于最大着陆重量 64 500kg。

最后一分钟修正前的剩余载量，简称剩余业载 UNDERLOAD BEFORE LMC（图 7-40），指最大允许业载和实际业载之差，14 847－14 378＝469（kg），也就是说还能增加 469kg 的业载重量。

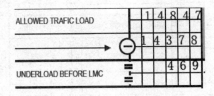

图 7-40　剩余业载

最后一分钟修正 LAST MINUTE CHANGE，没有就不用填写，如加一名成人旅客和一件行李表示为：＋1PAX Y＋72kg；＋1BAG H＋14kg。注意不同航空公司，每个旅客的重量规定不同，有的按 75kg 计算，有的按 72kg 计算，交运行李重量如可称重按实际重量计入,如无法称重按每件固定重量计入。完成后的载重表总表见图 7-41。

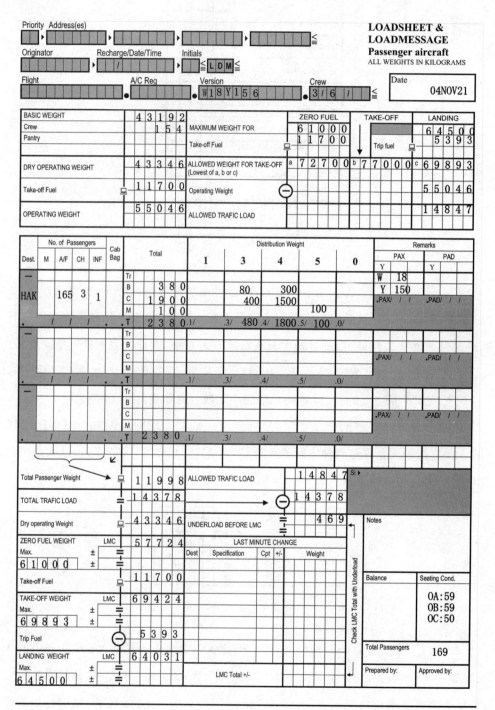

图 7-41 载重表

基本重量指数 BI：52.7，非标准机组指数修正：－0.7，修正后的基本指数为
52.7－0.7＝52。

平衡图涉及的相关重量、无油重量和起飞重量，前面载重表已经填写完成了，在
这页右上角又重新填写了一遍（图 7-42），以方便做图时使用。

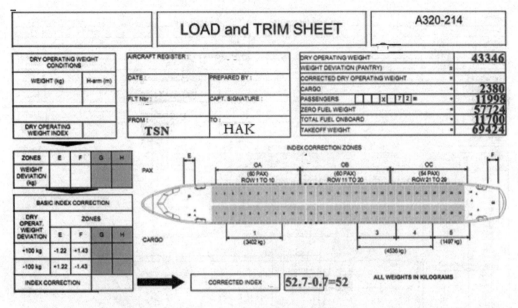

图 7-42　基本数据及分布图

然后根据货物旅客的装载安排情况填写在分区栏内，货舱 3 区装载总重量为
480kg，货舱 4 区装载重量为 1 800kg，货舱 5 区装载重量为 100kg。客舱 A 区旅客人
数为 59 人，客舱 B 区旅客人数为 59 人，客舱 C 区旅客人数为 50 人。

指数 52 为基准画一垂直线向下，到货舱 3 区，和第一条装载项斜标线相交，由交
点向右画一条横线，移动 0.96 格，由该点继续向下做图，货舱 4 区向右移动 3.6 格，
货舱 5 区向右移动 0.4 格。客舱 A 区向左移动 11.8 格，B 区向右移动 2.36 格，C 区
向右移动 10 格。此时飞机重量为修正后的干使用重量加上业载的重量（货物旅客），
也就是无油重量，对应的指数为无油重量指数，这个数值因为用于做图，可以不读出
具体数值，如果读取，大概是 74，这条垂线向下，在重心包线坐标系的纵轴，读出飞机
无油重量 57 724kg，画横线和无油指数线相交，落在 35.4％处，故无油重心为 35.4％
MAC。在燃油指数处插值计算起飞油量 11 700kg 对应的指数为－2.6，这时指数为

无油重量加上起飞油量得到的起飞重量指数,在重心包线坐标系里和起飞重量 69 424kg 相交,得到起飞重心 32.6%MAC,重心都在安全范围内,没有超出边界,装载满足要求。参见图 7-43。

根据起飞重心位置读取尾翼配平值以及填写无油重心和起飞重心(图 7-44)。

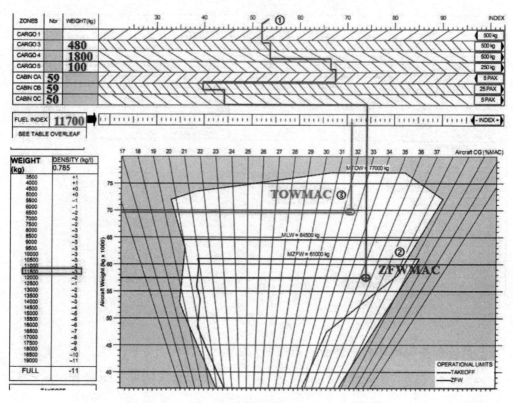

图 7-43　折线法重心图

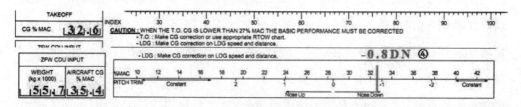

图 7-44　配平值

完成后的平衡图见图 7-45。

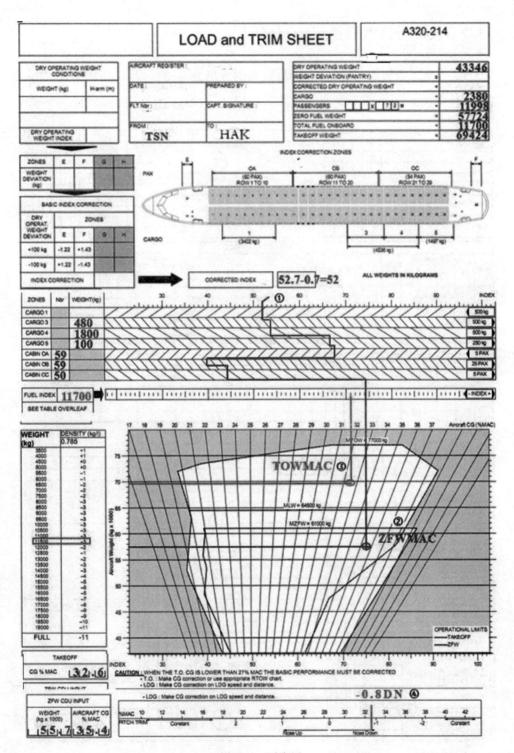

图 7-45　平衡图

7.3.2 波音折线型载重平衡图填制

为了学习图表制作,航班基本信息以及报文填写被忽略,只说明图表制作相关数据。载重表参见图 7-46,平衡图参见图 7-47。

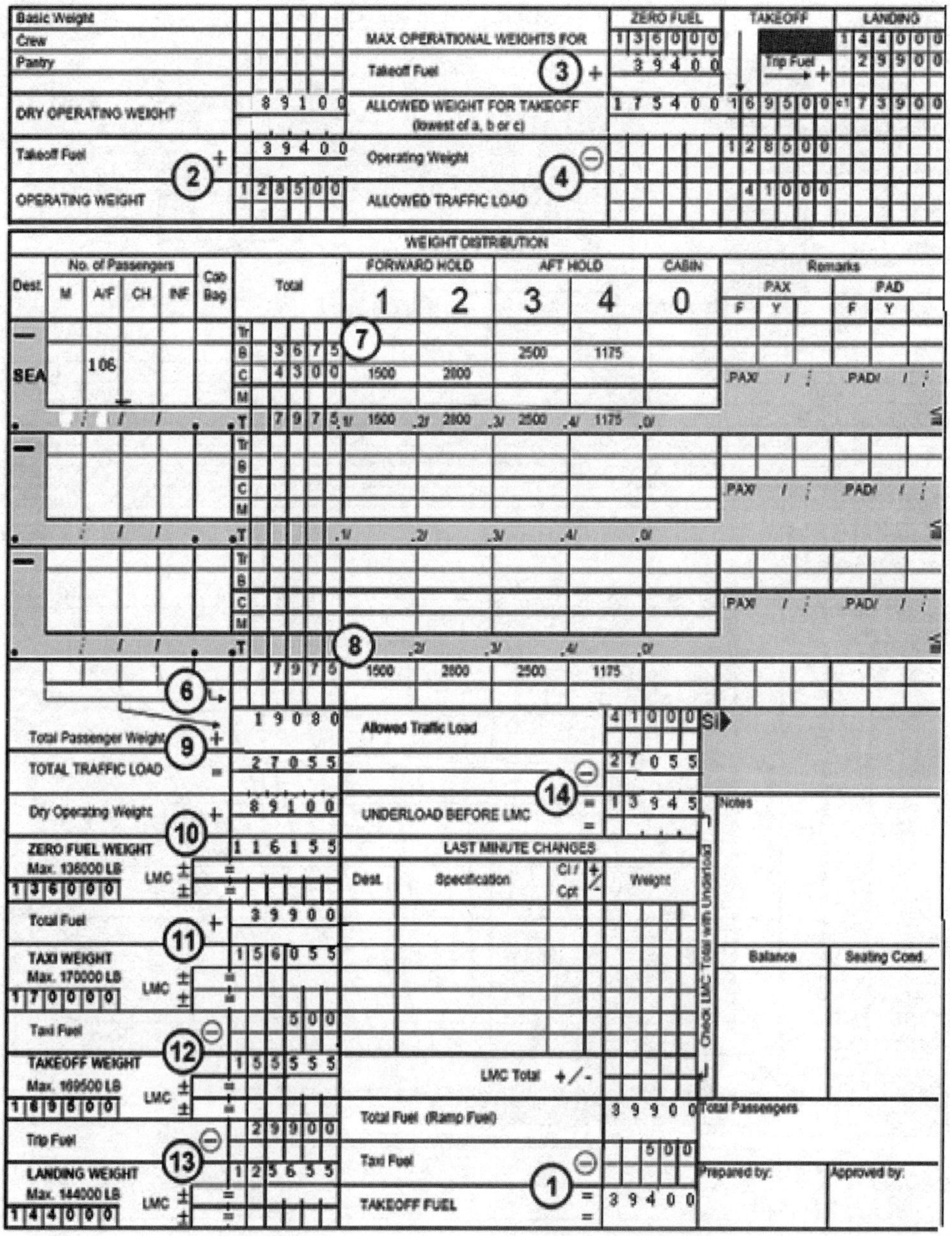

图 7-46 载重表

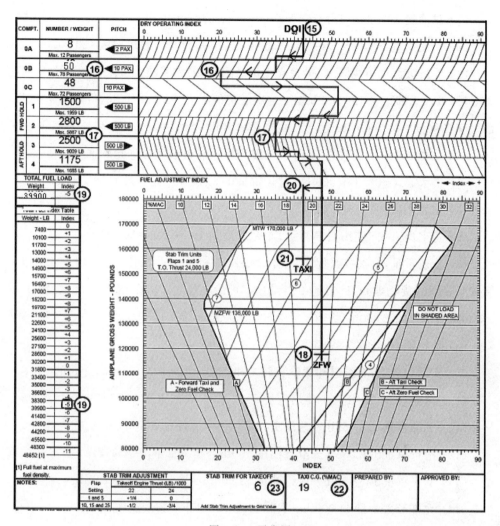

图 7-47　平衡图

飞机修正后实际干使用重量 DOW：89 100lb，干使用指数 DOI：42，客舱 0A 段 8 名旅客，客舱 0B 段 50 名旅客，客舱 0C 段 48 名旅客，货舱 CPT1 装货物 1 500lb，CPT2 装货物 2 800lb，CPT3 装行李 2 500lb，CPT4 装行李 1175lb，最大允许起飞重量 169 500lb，最大允许着陆重量 144 000lb，最大无油重量 136 000lb，最大机坪重量 170 000lb，停机坪油量 39 900lb，滑行油量 500lb，航程油量 29 900lb，成人重量每人按 180lb 计算。飞机推力为 24K，起飞襟翼 5。

每个公司每个机型的载重图表不完全相同，主体大同小异，有差别的地方按图表说明进行填写即可。按图中标示①② 进行说明。

（1）总油量 39 900lb－滑行油 500lb＝起飞油量 39 400lb。

（2）干使用重量 DOW 89 100lb＋起飞油量 39 400lb＝营运重量 128 500lb。

（3）受最大无油重量限制、最大起飞重量限制、最大着陆重量限制的最大允许起飞重量，最大无油重量 136 000lb 加上这次航班的起飞油量 39 400lb，得到 175 400lb，最大着陆重量 144 000lb 加上航程油量 29 900lb 得到 173 900lb，和最大起飞重量 169 500lb，这三者当中最小的 169 500lb 即为该次航班最大允许起飞重量。

（4）最大起飞重量 169 500lb－营运重量 128 500lb＝允许最大业载 41 000lb。

（5）旅客人数，成人 106 名。

（6）每名成人按 180lb 计算重量，旅客总重为 180×106＝19 080lb。

（7）货舱重量，分别按照货物、行李、邮件汇总，行李重 3 675lb，货物重 4 300lb，又按照分别的货物舱位 1、货舱 2、货舱 3、货舱 4 汇总，填在相应位置，货舱 1 重 1 500lb、货舱 2 重 2 800lb、货舱 3 重 2 500lb、货舱 4 重 1 175lb。

（8）货物汇总，总重 7 975lb。

（9）实际业载，旅客重量和货舱装载之和，19 080lb＋7 975lb＝27 055lb。

（10）总业载 27 055lb＋干使用重量 89 100lb＝无油重量 116 155lb。

（11）无油重量 116 155lb＋总油量 39 900lb＝滑行总重 156 055lb。

（12）滑行总重 156 055lb－滑行油量 500lb＝起飞重量 155 555lb。

（13）起飞重量 155 555lb－航程油量 29 900lb＝着陆重量 125 655lb。

（14）允许最大业载 41 000lb－实际业载 27 055lb＝剩余业载 13 945lb。

（15）基本重量指数 42。

（16）客舱各区人数，客舱 A 区旅客人数为 8 人，客舱 B 区旅客人数为 50 人，客舱 C 区旅客人数为 48 人，以指数 42 为基准画一垂直线向下，客舱 A 区向左移动 4 格，B 区向左移动 5 格，C 区向右移动 4.8 格。

（17）货舱 1 区装载总重量为 1 500lb，货舱 2 区装载重量为 2 800lb，货舱 3 区装载重量为 2 500lb，货舱 4 区装载重量为 1 175lb，1 区向左移动 3 格，2 区向左移动 5.6 格，货舱 3 区向右移动 5 格，货舱 4 区向右移动 2.35 格。

（18）读出飞机无油重量 116 155lb，画横线和无油指数线相交，落在 21％处，故无油重心为 21％MAC。

（19）总油量 39 900lb 对应指数为－5。

（20）无油重量指数向左移动 5 格，得到飞机滑行全重指数。

（21）在重心包线坐标系里和滑行全重 156 055lb 相交，得到滑行全重重心 19％MAC，重心都在安全范围内，没有超出边界，装载满足要求。

（22）填写滑行全重重心 19％MAC。

（23）根据滑行全重重心 19％MAC 得出相对应的水平安定面配平角度是 6，并填写。

7.3.3　指数型载重平衡图填制

指数型的计算更加简化。仅需将每一舱位的载量（包括客舱和货舱）的指数修正转化成指数，并将所有的业载、指数求和直接计算，使用图 7-48，以 A320 指数型平衡图为例。

飞机实际干使用重量 DOW：43 164kg，干使用指数 DOI：53.2；起飞油量：8 900kg；客舱 OA 段 45 名旅客，客舱 OB 段 58 名旅客，客舱 OC 段 57 名旅客，共160 名，货舱总重：3 200kg，1 舱 500kg，3 舱 1 000kg，4 舱 1 500kg，5 舱 200kg。

货舱指数的计算分区对应为 Hold1、Hold3、Hold4、Hold5，客舱指数的计算分区对应为 ZoneA、ZoneB、ZoneC。通过每个舱位重量、客舱分区人数使用插值法查找对应的指数，填写在右侧的表中，并求和计算无油重心指数 LIZFW。

根据插值法计算（依图 7-49）：

1 舱 500kg 对应指数：－3.7。

3 舱 1 000kg 对应指数：4.5。

4 舱 1 500kg 对应指数：11.6。

5 舱 200kg 对应指数：2.6。

OA 区旅客 45 人对应指数：－25。

OB 区旅客 58 人对应指数：1。

OC 区旅客 57 人对应指数：36.5。

以上业载对应指数求和：27.5。

LIZFW：DOI＋27.5＝80.7。

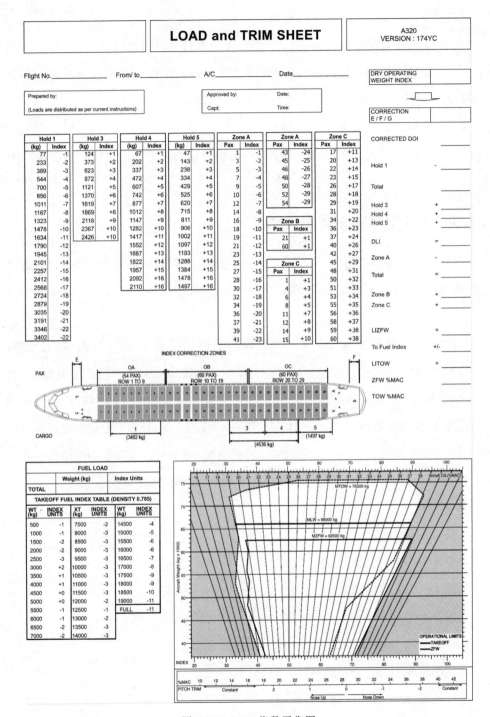

图 7-48　A320 指数平衡图

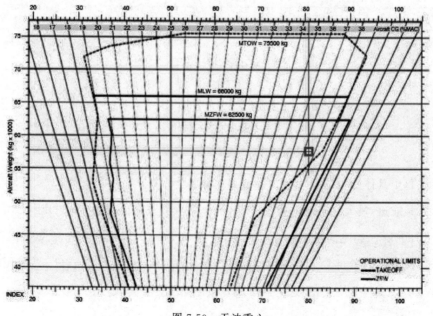

图 7-49　指数计算表

Hold 1 (kg)	Index	Hold 3 (kg)	Index	Hold 4 (kg)	Index	Hold 5 (kg)	Index
77	-1	124	+1	67	+1	47	+1
233	-2	373	+2	202	+2	143	+2
389	-3	623	+3	337	+3	238	+3
544	-4	872	+4	472	+4	334	+4
700	-5	1121	+5	607	+5	429	+5
856	-6	1370	+6	742	+6	525	+6
1011	-7	1619	+7	877	+7	620	+7
1167	-8	1869	+8	1012	+8	715	+8
1323	-9	2118	+9	1147	+9	811	+9
1478	-10	2367	+10	1282	+10	906	+10
1634	-11	2426	+10	1417	+11	1002	+11
1790	-12			1552	+12	1097	+12
1945	-13			1687	+13	1193	+13
2101	-14			1822	+14	1288	+14
2257	-15			1957	+15	1384	+15
2412	-16			2092	+16	1478	+16
2568	-17			2110	+16	1497	+16
2724	-18						
2879	-19						
3035	-20						
3191	-21						
3346	-22						
3402	-22						

Zone A (Pax)	Index	Zone A (Pax)	Index	Zone C (Pax)	Index
1	-1	43	-24	17	+11
3	-2	45	-25	20	+13
5	-3	46	-26	22	+14
7	-4	48	-27	23	+15
9	-5	50	-28	26	+17
10	-6	52	-29	28	+18
12	-7	54	-29	29	+19
14	-8			31	+20
16	-9			34	+22
18	-10	Zone B (Pax)	Index	36	+23
19	-11	21	+1	37	+24
21	-12	60	+1	40	+26
23	-13			42	+27
25	-14	Zone C (Pax)	Index	45	+29
27	-15	1	+1	48	+31
28	-16	4	+3	50	+32
30	-17	6	+4	51	+33
32	-18	8	+5	53	+34
34	-19	11	+7	55	+35
36	-20	13	+8	56	+36
37	-21	15	+10	58	+37
39	-22				+38
41	-23			60	+38

后面画图部分和折线型原理方法一样。

在包线图中，找无油重心指数画一条竖线，与实际无油重量的横线交叉，交叉点数值为无油重心（图 7-50）；ZFW：57 884kg，LIZFW：80.7，根据交点，计算 ZFW 重心：37.5%MAC。

图 7-50　无油重心

通过油量指数修正表查出起飞油量对应指数,与无油重心指数 LIZFW 求和计算起飞重心指数 LITOW,在包线图中将起飞重心指数竖线与实际起飞重量的横线交叉,交叉点数值为起飞重心(图 7-51)。起飞油量 8 900kg 对应指数:−3,LITOW:80.7 − 3 = 77.7,TOW:66 784kg,根据交点,计算 TOW 重心:34.6%MAC。

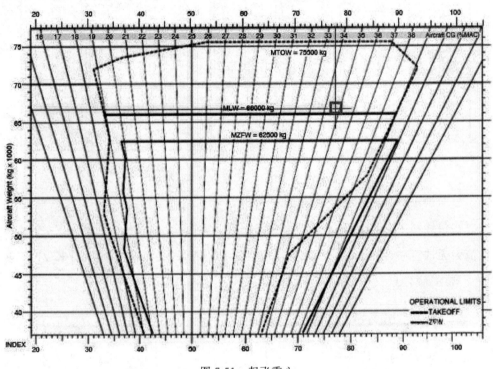

图 7-51　起飞重心

习　　题

1. 每个具体航班的最大允许业载如何计算?

2. 某航班,最大允许起飞重量 77 000kg,最大允许着陆重量 64 500kg,最大无油重量 61 000kg。起飞油量 11 000kg,航线耗油 5 000kg。求最大允许起飞重量。

3. 按下面的条件填写对应的载重平衡图表。A320 执飞某航班,干使用重量 DOW 44 000kg,干使用指数 DOWI 35,标准机组及配置,起飞油量 11 000kg,航线耗油 5 000kg。

旅客总人数 130 人,全部为成人,客舱 B 区 50 人,C 区 80 人,该航空公司按标准旅客重量即成人 75kg 计算,货邮行信息:行李 250kg,货物 2 500kg,其中行李 250kg 放在货舱 1,货物 1 000kg 放在货舱 3,货物 1 000kg 放在货舱 4,货物 500kg 放在货舱 5。

最大允许起飞重量 75 500kg,最大允许着陆重量 64 500kg,最大无油重量 61 000kg。

4. 按下面的条件填写对应的载重平衡图表。A320 执飞某航班,干使用重量 DOW 42 000kg,指数 DOWI 49,标准机组及配置,起飞油量 10 000kg,航线耗油 6 000kg。

旅客总人数 105 人,全部为成人,客舱 A 区 5 人,客舱 B 区 50 人,C 区 50 人,该航空公司按标准旅客重量即成人 75kg 计算,货舱 1 装载货物 1 000kg,货舱 3 装载货物 1 000kg,货舱 4 装载货物 1 200kg。

最大允许起飞重量 74 000kg,最大允许着陆重量 65 000kg,最大无油重量 60 000kg。

5. 按下面的条件填写对应的载重平衡图表。某飞机修正后实际干使用重量 DOW 为 34 000kg,干使用指数 DOI 为 42,一共 100 名乘客,均为成人,其中客舱 OA 段 20 名旅客,客舱 OB 段 50 名旅客,客舱 OC 段 30 名旅客,共装载货物 3 200kg,其中货舱 1(前货舱)装货物 1 200kg,货舱 4(后货舱)装货物 2 000kg,最大允许起飞重量 61 000kg,最大允许着陆重量 51 000kg,最大无油重量 48 307kg,停机坪总加油量 13 000kg,滑行油量 500kg,航程油量 9 000kg,成人重量每人按 75kg 计算。起飞襟翼 5。

6. 按下面的条件填写对应的载重平衡图表。某飞机修正后实际干使用重量 DOW 为 32 000kg,干使用指数 DOI 为 49,一共 105 名乘客,均为成人,其中客舱 OA 段 30 名旅客,客舱 OB 段 55 名旅客,客舱 OC 段 20 名旅客,货舱 1(前货舱)装货物 2 000kg,货舱 4(后货舱)装行李 1 400kg,最大允许起飞重量 61 234kg,最大允许着陆重量 51 709kg,最大无油重量 48 307kg,停机坪总加油量 12 000kg,滑行油量 500kg,航程油量 7 000kg,成人重量每人按 75kg 计算。起飞襟翼 15。

Priority	Address(es)								**LOADSHEET &**
									LOADMESSAGE
Originator		Recharge/Date/Time		Initials					**Passenger aircraft**
			/			≦ **L D M** ≦			ALL WEIGHTS IN KILOGRAMS
Flight		A/C Reg		Version			Crew		Date
			●		●		●	/	/ ≦

BASIC WEIGHT								ZERO FUEL		TAKE-OFF		LANDING	
Crew					MAXIMUM WEIGHT FOR								
Pantry					Take-off Fuel			💻		Trip fuel	💻		
DRY OPERATING WEIGHT					ALLOWED WEIGHT FOR TAKE-OFF (Lowest of a, b or c)			a		b		c	
Take-off Fuel	💻				Operating Weight		⊖						
OPERATING WEIGHT					ALLOWED TRAFIC LOAD								

Dest.	No. of Passengers				Cab Bag		Total	Distribution Weight					Remarks			
	M	A/F	CH	INF				1	3	4	5	0	PAX		PAD	
													Y		Y	
—						Tr										
						B										
						C							.PAX/ / /		.PAD/ / /	
						M										
.	/	/	/	.	.	T		.1/	.3/	.4/	.5/	.0/				
—						Tr										
						B										
						C							.PAX/ / /		.PAD/ / /	
						M										
.	/	/	/	.	.	T		.1/	.3/	.4/	.5/	.0/				
—						Tr										
						B										
						C							.PAX/ / /		.PAD/ / /	
						M										
.	/	/	/	.	.	T		.1/	.3/	.4/	.5/	.0/				

Total Passenger Weight	💻			ALLOWED TRAFIC LOAD				Si ▸	
TOTAL TRAFIC LOAD	=					⊖			
Dry operating Weight	💻			UNDERLOAD BEFORE LMC	=			Notes	
ZERO FUEL WEIGHT	LMC			LAST MINUTE CHANGE					
Max.	±	=		Dest	Specification	Cpt	+/-	Weight	
	±	=							
Take-off Fuel		💻							
TAKE-OFF WEIGHT	LMC							Balance	Seating Cond.
Max.	±	=							
	±	=							
Trip Fuel		⊖						Total Passengers	
LANDING WEIGHT	LMC							Prepared by:	Approved by:
Max.	±	=		LMC Total +/-					
	±	=							

(left vertical label) Check LMC Total with Underload

Completed by:
(Signature)

Issue No.: B-6865/B-6903
Date: 18/11/2015

3、4 题用图

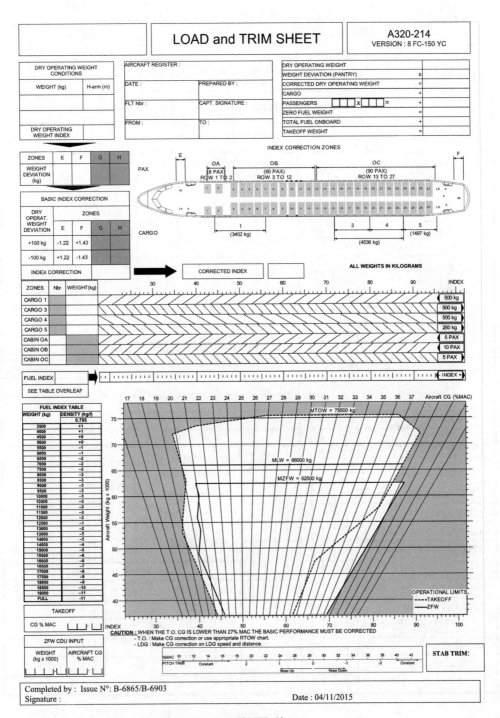

3、4 题用图（续）

ADJUSTED APS WEIGHT	=		MAXMIUM WEIGHTS FOR	→	ZERO FUEL	─TAKE-OFF
RAMP FUEL	+		TAKE-OFF FUEL	+		TRIP FUEL +
RAMP WEIGHT	=		ALLOWED WEIGHT FOR TAKE-OFF (Lowest of a,b,c)	=	a b	c
TAXI FUEL	-		OPERATING WEIGHT			
OPERATING WEIGHT	=		ALLOWED TRAFFIC LOAD	=		

DEST	Passengers			Cab Bab		Total	Distribution - Weight					Remarks	
		No	Weight				1	2	3	4	0	PAX	PAD
─	M				Tr								
	A/F				B								
	Ch				C								
	Inf				M							PAX	PAD
	T				T		.1/	.2/	.3/	.4/	.0/		
─	M				Tr								
	A/F				B								
	Ch				C								
	Inf				M							PAX	PAD
	T				T		.1/	.2/	.3/	.4/	.0/		
─	M				Tr								
	A/F				B								
	Ch				C								
	Inf				M							PAX	PAD
	T				T		.1/	.2/	.3/	.4/	.0/		

TATOL					T					BALLANCE CONDITIONS
	PASSENGER →						ALLOWED TRAFFIC LOAD	=		
TATOL TRAFFIC LOAD	=					TRAFFIC LOAD	-			
ADJUSTED APS WEIGHT	+					→			ZERO FUEL	
ZERO FUEL WEIGHT	=								───── %MAC	
						UNDERLOAD	=		TAKE-OFF ───── %MAC	
TAKE-OFF FUEL	+					LAST MINUTE CHANGES				
TAKE-OFF WEIGHT	=			DEST	ITEM	CABIN	+/-	WEIGHT	INDEX UNITS
TRIP FUEL	-									
LANDING WEIGHT	=									

5、6 题用图

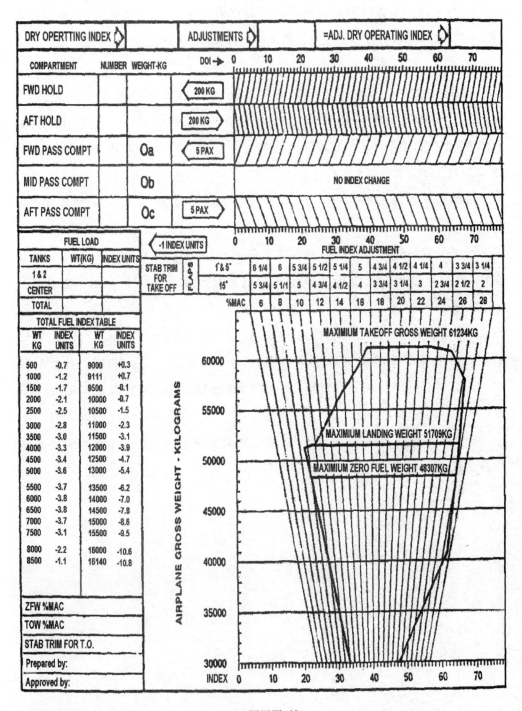

5、6 题用图（续）

7. 按下面的条件填写对应的载重平衡图表。A320 执飞某航班,干使用重量 DOW 为 44 000kg,指数 DOI 为 35,标准机组及配置,起飞油量 11 000kg,航线耗油 5 000kg。

旅客总人数 130 人,全部为成人,客舱 A 区 50 人,客舱 B 区 50 人,C 区 30 人,该航空公司按标准旅客重量即成人 75kg 计算,货邮行信息:行李 250kg,货物 2 500kg,其中行李 250kg 放在货舱 1,货物 1 000kg 放在货舱 3,货物 1 000kg 放在货舱 4,货物 500kg 放在货舱 5。

最大允许起飞重量 75 500kg,最大允许着陆重量 64 500kg,最大无油重量 61 000kg。

8. 按下面的条件填写对应的载重平衡图表。A320 执飞某航班,干使用重量 DOW 为 44 000kg,指数 DOI 为 40,标准机组及配置,起飞油量 11 000kg,航线耗油 5 000kg。

旅客总人数 146 人,全部为成人,客舱 A 区 50 人,客舱 B 区 56 人,C 区 40 人,该航空公司按标准旅客重量即成人 75kg 计算,货邮行信息:行李 544kg,货物 2 768kg,其中行李 544kg 放在货舱 1,货物 1 121kg 放在货舱 3,货物 1 147kg 放在货舱 4,货物 500kg 放在货舱 5。

最大允许起飞重量 73 000kg,最大允许着陆重量 65 000kg,最大无油重量 62 500kg。

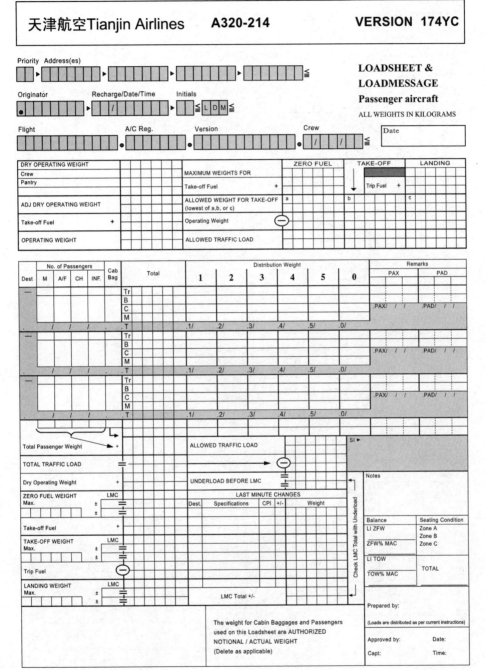

7、8 题用图

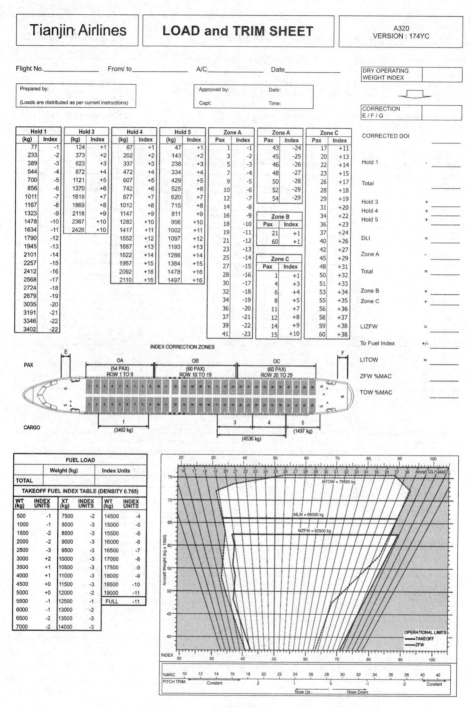

7、8题用图（续）

第 8 章

业 务 电 报

业务电报为信息传递的有效手段,在航空运输业中得到广泛的应用。各种报文格式遵循 IATA 标准,离港系统可以根据航班数据自动组织生成各种商务电报,并根据需要发送到不同地址。离港系统生成报文迅速、准确,发送方便,相对手工输入报文发送具有极大的优越性。离港系统电报传送既可以在系统内部进行,也可将报文转到其他具有报文处理功能的系统,如 SITA 的转报系统。

载重平衡工作处理的电报主要包括:载重报(LDM)、箱板控制报(UCM)和集装箱板布局报。电报的基本要求是如实反映航班信息,包括最后一分钟修正内容,按照格式进行编发,载重报和集装箱板布局报等级至少为 QU(急报)级。

8.1 发　报

8.1.1 自动发报

航班最后关闭后,系统自动发报,报文类型、发报地址可通过 CM 指令查询。

指令功能:CM 指令用于查询各航空公司在各个航站报文地址的定义情况。

指令格式: > CM:航空公司代码/航站

举例: > CM:CA/PEK 查看国航在北京的收报地址表

DFL:报文的默认发送地址;

CCL,12680:CCL 报发送到 PID12680 上;

PFS,INTZZCA PFS,PEKXPCA:CA(国航)由 PEK(北京)始发的航班其 PFS 报发往 INTZZCA、PEKXPCA 等。

8.1.2 手工发报

指令格式：

> LR:FLT/DATE/CITY/MSG - TYPE/ADDR
> LR:航班号/日期/始发城市/电报类型/七字地址或 PID 号

其中,MSG-TYPE 是报文类型,报文都是 IATA 标准格式,系统中的报文类型如表 8-1 所示。

表 8-1 报文类型

报文类型	报文全称	报文名称	使用范围	报文含义
IDM	INDUSTRY DISCOUNT MESSAGE	公司折扣报	发下一站	过站的 PAD 旅客信息
PFS	PASSENGER FINAL SALES	最后销售报	发订座系统或始发站	最终离港人数,GO-SHOW、NO-SHOW 姓名,常旅客信息
PSM	PASSENGER SERVICE MESSAGE	旅客服务报	发后续所有航站	有 CHD INF 等特殊服务项
PTM	PASSENGER TRANSFER MESSAGE	旅客转港报	发后续所有航站	转港旅客信息,有 OUTBOUND 信息
SOM	SEATOCCUPIED MESSAGE	占座报	发下一站	哪些座位已经被占用了
TPM	TELEX PASSENGER MANIFEST	电传旅客名单报	发后续所有航站	下一站下机旅客信息
PIL	PAX INFORMATION LIST	旅客服务信息报	发本站	给机组人员参考的一些服务信息
COM	CLOSE OUT MESSAGE	关闭报	发本站及后续所有航站	关闭时间等
FTL	FREQUENT TRAVELLER LIST	常客报	发本航站和共享航班	常客姓名、记录编号、常客类型、常客卡号等

8.2　主要业务电报类型

8.2.1　LDM 载重报

载重报内容主要是参照载重表相关部分,包括最后一分钟修正项目。其用途是让航班沿线各站预先得知该航班实际旅客人数、实际业载以及各客舱装载情况。

载重报等级为 QU 或更高级,收报地址为对方航站配载部门及其他相关部门,对于出港航班必须在起飞 10 分钟内及时拍发,报文格式应遵循 IATA 电报标准格式。

1. 格式

电报识别代码
航班号/日期飞机号座位布局机组人数
到达站旅客人数货舱装载总重量各货舱装载重量
旅客舱位等级人数
特殊注意事项

2. 样例

```
LDM
CA0951/08.B2554.J18Y196.05/07
-DLC.24/0/0.0.T5718.1/1151.2/2012.3/1764.4/791
.PAX/1/23.PAD/0/0
-NRT.21/0/1.0.T1585.4/1249.5/336
.PAX/2/19.PAD/0/0
SI
 BW 84706 BI 97.18
 DLC FRE 5508 POS 0 BAG 210 TRA 0 BAGP 9
 NRT FRE 952 POS 0 BAG 633 TRA 0 BAGP 28
```

报文解释:

载重报

国航 0951/8 日.B2554.公务舱 18 人经济舱 196 人.5 个飞行员 7 个乘务员

目的地大连机场.24 名旅客.货舱装载总重量 5 718.1kg,1 号舱 1 151.2kg,2 号舱 2 012.3kg,3 号舱 1 764.4kg,4 号舱 791kg,公务舱 1 人,经济舱 23 人,可以拉下

的旅客人数 0 个

附加信息：

飞机基重 84 706kg 基本指数 97.18

大连机场货物重量 5 508kg 邮件重量 0 行李重量 210kg 过站重量 0 行李件数 9 件

成田机场货物重量 952kg 邮件重量 0 行李重量 633kg 过站重量 0 行李件数 28 件

8.2.2 UCM 箱板控制报

箱板控制报主要用来向航站、航空公司集装器控制部门通知集装器的使用情况，根据航班动态及时拍发。

1. 格式

电报识别代码
航班号/日期飞机号出港航站
进入本航站的集装器
箱板编号箱板所属公司二字代码始发站/品名
流出本航站的集装器
箱板编号箱板所属公司二字代码到达站/品名
特殊注意事项

2. 样例

```
UCM
CA1301/01.B6092.PEK
IN
.NOUT
.AKE12453CA/SHA/C.AKE22431CA/SHA/B
.AKE23567CA/SHA/B.AKE45321CA/SHA/M
.PMC12345CA/SHA/C.PMC23456CA/SHA/C
.PMC34567CA/SHA/C
SI
=
```

报文解释：

箱板控制报

国航 1301/1 日 . B6092. 装载航站为北京首都机场

进港箱板无

出港箱板

类型为 AKE 编号 12453 箱板所属承运人为国航/卸机站为上海虹桥机场/装载物类型 B

（后为重复信息）

附加信息：

无

8.2.3　集装箱板布局报

集装箱板布局报主要用来给航线各航站提供箱板分布信息和箱板利用的情况，是 LDM 的附加电报，在使用集装器的航班完成配载后，随 LDM 报一同拍发。

1. 格式

电报识别代码
航班号/日期飞机号飞机客舱布局
位置/集装器编号/到达站/重量/品名及空间利用状况代码
特殊注意事项

2. 样例

```
CPM
CA0951/08.B2554.C18Y196
-21P/PMC67447CA/DLC/976/C2
-22P/PMC68947CA/DLC/1036/C2
-31/DQF30034CA/DLC/658/C1
-32/FQA8554CA/DLC/1106/C0
-41L/DPE17046CA/DLC/581/C0
-41R/NRT/400/B1 -42L/NRT/233/B2
-5/NRT/336/C0
SI
PMC68947CA/2/RPB/UN3006
=
```

报文解释：

载重集装箱板布局报

国航 0951/8 日.B2554.公务舱 18 人经济舱 196 人

位置 21P/箱板编号 PMC67447 国航所属/卸机站为大连机场/重量 976kg/品名为 C2

（后为重复信息）

附加信息：

无

8.2.4 其他电报

1. ALI 缩略装载信息电报

根据对方航站要求,向航站拍发缩略装载信息电报,仅限窄体机型航班。

1）格式

电报识别代码
航班号/日期飞机号
位置/重量旅客舱位等级人数
特殊注意事项

2）样例

ALI
CA1601/05.B2641
.1/1226.4/2903.PAX/4/137
SI
 =

报文解释：

缩略装载信息电报

国航 1601/5 日 B2641

1 号舱/重量 1 226.4kg/2903kg.公务舱 4 人经济舱 137 人

附加信息：

无

2. SLS 装载统计电报

用于航班数据收集、统计工作。

1) 格式

电报识别代码
航班号/日期飞机号座位布局出港航站
到达站各舱位等级旅客人数行李重量货重量
特殊注意事项

2) 样例

SLS
CA1501/05.B2060.F49Y296.PEK.
- SHA.FF/14/0.YY/237/0.GG/0/0.B/1770.C/6533
SI
=

报文解释:

装载统计电报

国航1501/5日B2060公务舱49座经济舱296座北京首都机场出港

到达站为上海虹桥机场公务舱14人经济舱237人 行李重量1 770kg 货重量

6 533kg

附加信息:

无

3. UWS 装载重量信息电报

用于传递临时装载或实际装载的信息或数据。

1) 格式

电报识别代码
航班号/日期出港航站
箱板编号所属公司二字代码/到达站/重量/品名/位置
散舱-到达站/重量/品名
特殊注意事项

2) 样例

UWS
CA1301/01.PEK
- PMC23456CA/SHA/1415A/C.PSN/21P
- PMC34567CA/SHA/1485A/C.PSN/22P

```
– AKE12453CA/SHA/425A/C.ICE.PSN/31L
– AKE45321CA/SHA/575A/M.PSN/31R
– AKE22431CA/SHA/625A/B.PSN/32L
BULK
– SHA/30A/91/M
SI
 =
```

报文解释：

装载重量信息电报

国航 1301/1 日北京首都机场出港

箱板编号 PMC23456 国航所属到达上海虹桥机场/重量 1 415kg/品名 C/位置 21P

（后为重复信息）

散舱

到达上海虹桥机场/重量 30kg/品名 M

附加信息：

无

4. SCM 集装器存量检查电报

用于检查航站集装器存量的情况。

1）格式

```
电报识别代码
航站名称日期/时间
箱板类型箱板编号箱板所属公司二字代码该型箱板数量
特殊注意事项
```

2）样例

```
SCM
HET.09MAR/0800
.AKE.23768CA/24015CA/24652CA.T3
.PMC.67235CA/68122CA.T2
SI
 =
```

报文解释：

集装器存量检查电报

呼和浩特机场 3 月 9 日 UTC0800

箱板编号 AKE 23768 24015 24652 均国航所属到达 T3 航站

箱板编号 PMC 67235 68122 均国航所属到达 T2 航站

附加信息：

无

5. MVT 航班动态电报

用于传递航班情况。包括但不限于：出发报文、到达报文、延误报文、返回报文、返航报文。

1）格式

电报识别代码
航班号/日期飞机号出港航站
报文内容
特殊注意事项

2）样例

```
MVT
CA931/09.B2443.PEK
AD1330/1340EA1850FRA
PX293
TOF 127000
TOW 354000
SI
```

报文解释：

航班动态电报

国航 931/9 日 B2443 北京首都机场出港

起飞时刻 UTC13：30/预达时刻 UTC13：40（次日）到达法兰克福机场

旅客 293 人

起飞油量 127 000kg

起飞重量 35 400kg

附加信息：

无

6. DIV 航班改航电报

用于传递航班改变航线的情况。

1）格式

电报识别代码
航班号/日期飞机号出港航站
报文内容
特殊注意事项

2）样例

```
DIV
CA931/09.B2443.PEK
EA1920 MUC
PX109
SI
PAX REQUIRED MEDICAL ATTN
```

报文解释：

航班改航电报

国航 931/9 日 B2443 北京首都机场出港

预计 UTC1920 到达慕尼黑机场

旅客 109 人

附加信息：

注意旅客需要医疗服务

8.3 报 文 发 送

报文发送为航班结载后的重要工作环节，传统的电传机发送报文需工作人员手工输入报文，很容易出现错误。LDP 报文发送指令可以自动组织生成报文，并按使用者要求将报文发送到指定地址，发送报文准确、迅速，符合 IATA 标准。主要内容有：航空公司飞行航站信息显示和修改；LDP 报文发送指令和报文补充信息输入。

8.3.1　航站信息显示和修改（LAID/LAIU）

航站信息数据为航空公司静态数据组成部分。使用配载模块建立航空公司航班时,航班航线上的航站名称必须为 LAID/LAIU 中已定义的。航空公司已定义过的所有航站名称可用 LSTN 指令显示。

指令功能：显示和修改航空公司航站数据,主要包括航站是否可作为配载航段起始站,航站电报地址,舱单打印地址,航站跑道信息等。

指令格式：>LAID：航空公司代码/航站

举例：>LAID：CA/PEK

行号

1. LAIU：DATE/TIME：14JAN00/16：21：59

2. IATA CODE：PEK AIRLINE：CA MECH IND：CKI Y LDP Y

3. NORMAL TAKEOFF RUNWAY：31L-_ NORMAL LANDING RUNWAY：31L-_

4. LOAD SHEET ADDRESS：PEKLSPR FUEL SHEET ADDRESS：PEKLSPR

5. LOAD INSTR ADDRESS：PEKLSPR

6. EZFW ADDRESS：PEKUOCA REJECT CITY CODE ：PEK

7. LDM A PEKKLCA A PEKUTCA N PEKVTCA N PEKTZCA N BJSTDCA

8. A PEKKUCA A PEKUDCA A PEKUOCA A PEKUACA A PEKKNCA

9. LPM A PEKWHCA ＿＿＿＿＿ ＿＿＿＿＿ ＿＿＿＿＿ ＿＿＿＿＿

10. ＿＿＿＿＿ ＿＿＿＿＿ ＿＿＿＿＿ ＿＿＿＿＿

11. CPM A PEKKLCA N PEKTZCA A PEKKUCA N SHAKLMUAPEKUACA

12. A PEKFCCA A QIFFMCA A PEKUOCA A PEKUDCA A PEKUDCA

13. UCM N PEKKLCA A PEKAPCA ＿＿＿＿＿ A PEKKUCA A NKGTZCA

14. A PEKKNCA A QIFFMCA A PEKUACA ＿＿＿＿＿ ＿＿＿＿＿

15. LDP PEKLNCA PEKL2CA PEKL3CA PEKL4CA PEKL5CA

16. CGO A PEKTZCA _____ _____ _____ _____

17. REJ LPI COM ASM LPM LDM CPM SOM GEN UWS

18. OFF/CD 003/LO 003/LO 003/LA 003/LO 003/LO 003/LO 003/LO 003/LO 003/LO

19. RUNWAYS: 31L-_ 31R-_ 18L-_ 18R-_ _____ _____ _____ _____ _____

说明

第2行 MECH IND:

CKI: Y: 该城市使用值机模块

N: 该城市不使用值机模块

LDP: Y: 该城市使用配载模块

N: 该城市不使用配载模块

第4行 LOAD SHEET ADDRESS: 从该城市始发航班的舱单打印地址

FUELSHEET ADDRESS: 从该城市始发航班的油量单打印地址

第5行 LOAD INSTR ADDRESS: 从该城市始发航班的装载单打印地址

第6行 EZFW ADDRESS: 从该城市始发航班的预计零油重量单打印地址

第7~8行 LDM(载重报)报文标识,只在第7行。

LDM 报文地址性质标识。

A: 航站为航班航节始发站,航班航节到达站,或航站为指定航站(LLDM、LLPM、LCPM 和 LUCM 指令中指定)且航站不为航班的最终到达站。

O: 航站为航班航节的始发站。

F: 航站为航节的到达站且为航班的最终到达站;或航站为航班的最终到达站,且航站为 LLDM、LLPM、LCPM、LUCM 中指定的航站。

E: O 与 F 选项的组合。

T: 航站为航班航节的到达站,但不为航班的最终到达站。

N: 航站不为航班航节的始发站和到达站,且航站不为 LLDM、LLPM、LCPM、LUCM 中指定的航站。

第9~10行 LPM(配载报)报文标识、报文地址性质标识(同 LDM)及发报的七字地址。

　　第 11～12 行 CPM(箱板报)报文标识、报文地址性质标识(同 LDM)及发报的七字地址。

　　第 13～14 行 UCM(集装箱板装卸报)报文标识、报文地址性质标识(同 LDM)及发报的七字地址。

8.3.2　报文发送指令(LLPM/LLDM/LCPM/LUCM)

　　指令功能:根据报文种类不同,使用不同的指令将 LPM,LDM,CPM,UCM 发送到指定的七字地址上。该七字地址在 LAID/LAIU 中定义。

　　指令格式:

　　1.发载重报
　　　>LLDM:航班号/日期/始发航站
　　2.发预配报
　　　>LLPM:航班号/日期/始发航站
　　3.发箱板报
　　　>LCPM:航班号/日期/始发航站
　　4.报文补充信息显示和修改
　　　>LMSD:航班号/日期/报文类型/航站
　　报文类型:
　　　　　　LLDM:载重报
　　　　　　LLPM:预配报
　　　　　　LCPM:箱板报

　　注意:

　　添加补充信息,原有电报内容＋补充信息。添加补充信息时,只需输入正文,不用加 SI,否则报文将被拒绝。

习　　题

　　1.载重平衡工作处理的电报主要包括:_____、_____、_____。

　　2.载重报内容主要是参照载重表相关部分,包括最后一分钟修正项目。其用途是_____。

3. 箱板控制报主要用来_____，根据航班动态及时拍发。

4. 集装箱板布局报主要用来_____，是 LDM 的附加电报，在使用集装器的航班完成配载后，随 LDM 报一同拍发。

5. MVT 航班动态电报用于_____。包括但不限于：_____、_____、_____、_____、_____。

6. 解读以下报文：

```
MVT
CA935/09.B2443.PEK
AD1320/1330EA2040CPH
PX285
TOF 126000
TOW 3542000
SI
```

7. 报文发送为航班结载后的重要工作环节，_____可以自动组织生成报文，并按使用者要求将报文发送到指定地址，发送报文准确、迅速，符合 IATA 标准。主要内容有：_____；_____。

8. 航站信息显示和修改_____指令功能：显示和修改航空公司航站数据，主要包括_____，_____，_____，_____等。

第 9 章

货 运 装 载

货运装载是航空货物运输地面生产的重要环节。货运装载涉及散货装载、集装货物装载以及特种货物装载等。配载平衡人员必须清楚货运装载业务知识,才能够判断各种复杂货物的可装载性,正确填制装机通知单,指导装卸人员合理装机,以保证飞行安全。

9.1 货　　舱

9.1.1 货舱的布局

全货机主舱及下舱为货舱,客货混装机主舱后部及下舱为货舱,全客机仅下舱为货舱。由于飞机制造商可以按照航空公司的意图进行舱位布局,同一机型,货舱布局也可能不同,配载人员操作时应查看对应机型的相关技术数据。

飞机主舱前后贯通,下舱由于起落架舱的分隔,分为前货舱和后货舱,普通飞机下舱的前后货舱通常又可以进一步被分为若干个分货舱。货物是通过前后货舱门被装入货舱的,并且通过一个货舱门可以进入几个分货舱。分货舱一般是用永久性的固体舱壁或可移动的软网隔离而成。如用可移动的软网隔开的货舱可以装载超过分货舱容积的货物,但用固定舱壁的不可以。

9.1.2 货舱的压力和温度

随着飞机飞行高度的上升,外界大气温度不断下降,气压也不断下降。在11 000m 的高空,大气温度约为 $-56.5℃$,气压约为 226.99hPa,约是地面气压的1/4。因此,在一定的飞行高度上,为了保障货物运输安全,需要对货舱采取环境保护措施,包括增压、加温、通风等。

增压是将飞机机舱密封,供气增压,使舱内压力大于外界的大气压力,接近地面大气压力值。给货舱加温,保持货舱温度在 0℃以上,防止冻坏货物,货舱加温的气体来源于电子设备舱冷却的排气和经机舱地板格栅进入的客舱空气。通风,是利用风扇将客舱循环空气送到货舱,在货舱流通后排出机外,以保持货舱空气的新鲜度。

现代飞机货舱普遍为增压舱,但航空公司为了节约成本,一般都会选装货舱温控和通风系统。当货舱装有温控和通风系统时,比较适宜运输鲜活货物。当货舱不能加温和通风时,此时货舱的温度无法控制,同时氧气的含量有限,此类货舱通常装载旅客行李和普通货物。可以装载自带氧气的水产品、冷血动物等,只允许装载少量依靠外界供氧的活体动物。

9.1.3　货舱的重量限制

由于飞机结构的限制,飞机制造商规定了每一货舱可装载货物的最大重量限额。例如 B737-700 型飞机,前货舱最大重量限额为 1 835kg,后货舱最大重量限额为 3 172kg。任何情况下,货舱所装载的货物总重量都不可以超过货舱重量限额。否则,飞机的结构有可能遭到破坏,飞行安全会受到威胁。

1. 线性载荷限制

线性载荷限制指飞机的地板单位长度所承受的最大载荷。实际操作中,用货物重量除以飞行方向上该货物的长度检查线性载荷。例如某飞机货舱线性载荷限制为 650kg/m,装载了一件长宽均为 80cm,重量为 400kg 的货物,线性载荷为:

$$\frac{400}{0.8}=500(\text{kg/m})<650(\text{kg/m})$$

这次装载没有问题,如果超出限制,无法进行装载,可以采取额外支撑措施,比如加垫板。

计算时,不是考虑货物实际的长和宽,是考虑货物和货舱地板实际接触部分面积的外轮廓,以及货物沿着飞行方向的长度。

2. 面积载荷限制

面积载荷限制指货舱内单位面积的地板可承受的一定的重量,如果超过它的承受能力,地板和飞机结构很有可能遭到破坏。不同机型有不同的地板承受力限制,称为最大允许地板承受力,装载货物时应注意不能超过该限额。

某货舱地板承受力为 732kg/m^2,某件货物重 150kg,接触面积为 $50\text{cm}\times40\text{cm}$,则机舱地板每平方米所受货物的重量为:

$$\frac{150}{0.5\times0.4}=750(\text{kg/m}^2)>732(\text{kg/m}^2)$$

货舱地板的实际承受力超过最大允许地板承受力,应采取相应的措施,否则不予承运。例如,可以在货物底部与货舱地板之间加一块垫板。

垫板面积＝(货物重量＋垫板重量)/最大允许地板承受力

若垫板重量估计为 10kg,则

$$\frac{150+10}{732}=0.2186(\text{m}^2)$$

垫板面积为 0.22m^2。

如果垫板重量难以获得,则忽略垫板重量,在得出的垫板面积的基础上乘以 120%以充分保证安全。

3. 接触面载荷限制

接触面载荷限制是指货舱地板与货物直接接触部分的面积允许承受的载荷限制。例如图 9-1,货物重 300kg,实际接地面积为两块 $30\text{cm}\times6\text{cm}$ 的木板,则货物通过接地面对飞机货舱地板的压力强度为:

$$\frac{300}{0.3\times0.06\times2}=8333(\text{kg/m}^2)$$

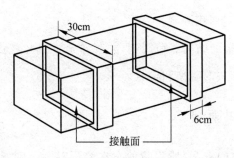

图 9-1　接触面载荷

4. 点载荷限制

点载荷限制是为了防止单件重量较大而接地面较小的货物造成货舱地板破损。

点载荷实际就是货物对地板压强的限制,正常情况下,手工操作的货物不大可能超过限制,所以一般点载荷限制不会出现在飞机制造商和承运人手册中。在货物预处理程序中需要说明该限制,防止装卸时对地板造成损坏。处理货物时不允许将单件重量超过 50kg 的货物以角着地。

5. 不对称载荷限制

不对称载荷限制是指在货舱(一般主货舱)地板单侧位置上允许装载的最大限制重量,为了防止装载在飞机一侧货舱地板上的载荷超过飞机结构的承受能力。

6. 联合载荷限制

联合载荷限制是指飞机在一个给定的位置区间,主舱和下舱一共可以承载的最大重量的总和,一般小于主舱和下舱单独载荷限制的和。比如飞机某段舱位规定的联合载荷限制为 13 500kg/m,主货舱线性载荷限制为 12 500kg/m,下货舱线性载荷限制为 1 100kg/m,那么主货舱和下舱同时装载时最大允许量为 13 500kg/m,小于 13 600kg/m(12 500+1 100)。

7. 累积载荷限制

累积载荷限制是指飞机一个划定的区域允许装载的最大重量。

如图 9-2 所示,某飞机机身后半部分累积载荷限制为 13 000kg,分为 1 区和 2 区,1 区联合载荷限制 6 500kg,2 区联合载荷限制 7 500kg。实际装载情况为,1 区主舱装载 4 500kg,1 区下舱装载 1 500kg,2 区主舱装载 5 000kg,2 区下舱装载 2 500kg,那么 1 区联合载荷为 6 000kg,2 区联合载荷为 7 500kg,满足限制,但是累积载荷为 13 500kg,不满足累积限制。

综上,由于存在大量的结构载荷限制,尤其对全货机和客货混装机来说,这项工作非常复杂。要完成相关的制作和检查。

9.1.4　货舱的容积限制

货舱内可利用的空间有限,所以货舱存在容积限制。例如 B737-700 型飞机,前货舱最大容积 11m³,后货舱最大容积 16.4m³。货运装载中,有时,轻泡货物已占满了货舱内的所有空间,但尚未达到重量限额。有时候,高密度货物的重量已达到重量限额而货舱内仍有很多的剩余空间无法利用。所以将轻泡货物和高密度货物混

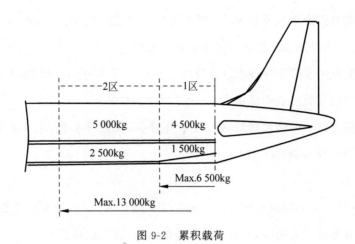

图 9-2　累积载荷

运装载,是货运装载比较经济的解决方法。

9.1.5　货舱的舱门限制

由于货物只能通过舱门装入货舱内,货物的尺寸必然会受到舱门的限制。为便于确定一件货物是否可以装入货舱,飞机制造商提供了舱门尺寸表。例如 B737-700 型飞机,前货舱门尺寸为 120cm 宽×88cm 高,后货舱门尺寸为 120cm 宽×78cm 高。

飞机装载货物的最长、最宽、最高的限制取决于所用机型货舱门的大小以及货舱容积。当货物单件的尺寸超过规定的标准尺寸时,则可视具体机型的货舱门尺寸来判断是否可装运,一般来说,装卸时要考虑操作空间,货物的实际尺寸需小于货舱门尺寸 10cm 左右。如果不能就要事先安排选择较大的机型,或分批发运。在接受超大货物时应根据不同的机型,判断是否能装入机舱内后方可收运。

9.2　集装货物装载

9.2.1　集装器

使用集装器,承运人能够更好地处理大体积、大批量的货物运输,提高装卸工作效率和飞机载运率。当使用集装器装运货物时,货舱被再次划分为若干个货位,在这些货位上放置集装设备。当然这些货位并没有采用隔板真正地把它们分开。在各个货位上都有固定集装器的装置,把集装器固定在飞机上,此时集装器成为飞机的一部分,所以飞机的集装设备的大小有严格的规定。

在航班配载中实际业务载重量计算应包括集装器本身的重量,所有集装器都应在装机通知单以及载重表中显示出来,包括空的集装器。

集装器是指航空运输中所使用的集装化设备,包括集装板、集装箱和辅助器材(板网、系留带和锁扣等)。

1. 集装板

集装板(见图9-3)是具有标准尺寸的一块平面台板,四边带有卡锁轨或卡锁眼,将货物集中放置板子上面,用网罩或拱形盖板固定,装入机舱后锁定。

图9-3　集装板

2. 集装箱

根据机型制造的一个全结构容器,地板与集装板类似,一侧留门,其余三侧和顶部封闭。航空集装箱(见图9-4)主要分为主货舱集装箱和下货舱集装箱。主货舱集装箱高度为163cm或更高,因此只能用于货机的主舱内。下货舱集装箱高度不得超过163cm,装于宽体飞机的下货舱,有全型和半型两种类型。机舱内可放入一个全型或两个半型此类集装箱。

9.2.2　集装器代号

在每一个集装器的面板或四周都标有10位由数字或拉丁字母组成的识别代号(1990年前为9位,其中编号为4位),如DQF12211FM,表示集装器的类型、尺寸、外形以及所有人等信息。集装设备代号的组成如表9-1所示。

图 9-4　集装箱

表 9-1　集装设备代号的组成

位　　置	字母或数字	含　　义
1	字母	集装器类型代号
2	字母	底板尺寸
3	字母	外形或适配性
4、5、6、7、8	数字	4~5 位序列号
9、10	字母	所有人代码

集装器代号的第 1 位字母是集装设备类型代号,具体含义如表 9-2 所示。

表 9-2　集装器代号首字母含义

字　母	含　　义	
A	CERTIFIED AIRCRAFT CONTAINER	适航审定的集装箱
D	NON-CERTIFIED AIRCRAFT CONTAINER	非适航审定的集装箱
F	NON-CERTIFIED AIRCRAFT PALLET	非适航审定的集装板
G	NON-CERTIFIED AIRCRAFT PALLET NET	非适航审定的集装板的网套
J	THERMAL NON-STRUCTURED IGLOO	保温的非结构集装棚
M	THERMAL NONCERTIFIED AIRCRAFT CONTAINER	非适航审定的保温集装箱
N	CERTIFIED AIRCRAFT PALLET NET	适航审定的集装板的网套
P	CERTIFIED AIRCRAFT PALLET	适航审定的集装板
R	THERMAL CERTIFIED AIRCRAFT CONTAINER	适航审定的保温集装箱
U	NONSTRUCTUAL IGLOO	非结构集装棚

集装器代号的第 2 位字母表示集装器的底板尺寸,具体含义如表 9-3 所示。

表 9-3   集装器代号第二位字母含义

字　　母	宽×高(英制 in)	宽×高(公制 mm)
A	88×125	2 235× 3 175
B	88×108	2 235×2 743
E	88×53	2 235×1 346
F	96×117.75	2 438×2 991
G	96×238.5	2 438×6 058
H	96×359.5	2 438×9 125
J	96×480	2 438×12 192
K	60.4×61.5	1 534×1 562
L	60,4×125	1 534×3 175
M	96×125	2 438×3 175
N	61.5×96	1 562×2 438
P	47×60.4	1 194×1 534
Q	60.4×96	1 534×2 438
R	96×196	2 438×4 938
S	61.5×88	1 562×2 235
X	96<最大长度<125	2 438<最大长度<3 175
Y	最大长度<96	最大长度<2 438
Z	最大长度>125	最大长度>3 175

集装器代号的第 3 位字母表示集装器的外形以及与飞机的适配性,对于集装箱,第 3 位字母为 IATA 标准轮廓代码,可以依据标准轮廓代码确定集装箱可以适配的机型。对于集装板,代表其装载货物可以组装成的外廓尺寸及适配的机型和货舱。

第 4～8 位数字,代表该集装器在所属航空公司的序列编号,此编号是唯一的。

第 9,10 位字母,代表集装器所有人,也就是航空公司的两字代码。

9.2.3　集装货物装载规定

(1) 根据货物的重量、体积、包装材料、货物性质以及运输要求选择合适的集装设备。一般情况下,大货、重货装在集装板上;体积较小、重量较轻的货物装在集装箱内。

(2) 将具有合格检验证书适航的集装箱或集装板放置在平台上,检查其是否满足以下条件:完好无损、各焊接部件牢固、内部清洁、干燥、无味、无尘。

(3) 检查待装货物,设计货物组装方案。

(4) 组装时,体积或重量较大的货物放在下面,并尽量向集装设备中央集中码放;小件和轻货放在中间;码放货物时,做到大不压小、重不压轻、木箱或铁箱不压纸箱;同一目的站的货物应装在同一集装设备上,一票货物也尽可能集中装在一个集装设备上。

(5) 在集装设备内的货物应码放紧凑,间隙越小越好;上下层货物之间要相互交错骑缝码放。

(6) 集装箱内如果没有装满货物,即所装货物的体积不超过集装箱容积的 2/3,且单件货物重量超过 150kg 时,就要对货物进行捆绑固定。最好用标准的绳具将货物固定在集装箱的卡锁轨里。

(7) 底部为金属的货物和底部面积较小重量较大的货物必须使用垫板,以防损坏集装设备,同时分散货物对集装设备底板的压力,保证集装设备能够平稳顺利地装入飞机。

9.3　货运装载规定

除了满足飞机的配载平衡和结构强度限制以外,装载业载时要保证各到达站(尤其是多航段航班)装卸处理迅速方便。对于多航段航班来说,到达不同航站的业载必须容易辨认,为此有时在中途站需要部分地重装业载以保证飞机平衡和方便下站的装卸。装载业载的顺序应与业载到达站的顺序相反。所有站都应注意这一点,以保在下一站卸载方便迅速。为了保证装载顺序,在空间允许时,中途站必须把本站装入的业载与到达相同目的站的过站业载堆放在一起,为此有时需要重新堆放过站业载。行李应该最后装机以便到达目的站后最先卸下来,尽快交给旅客。因此,当行李较多时,将到达下站的行李分装在两个货舱内可能更好,这样可以加速行李的卸机。重要旅客的行李应放在易于取出的地方(如舱门附近)并做明显标记,到达目的站后首先卸机交给旅客。对于免费载运的业载,除去紧急或贵重物品外,应放在易取出的位置,万一航班超载时方便取出。

装卸人员应严格按装机通知单要求,把货物装入飞机的指定舱位。为了避免飞机弯矩过大,尽量将重货装载在靠近机翼的位置。无论装载多少货物,都应轻拿轻放,堆放整齐,方便后方站处理。货物装机前,装机后,要核对件数,进行交接,防止漏装、多装。装机时要注意,大不压小,重不压轻,木箱不压纸箱,不以货物棱角抵触机壁,以免损坏货物和飞机。超过货舱地板承受力的货物,装机时必须加上垫板。装机时应尽量把引起注意的标志摆在明显处。装机时应先装前舱,后装后舱。在卸载过程中,应先卸载飞机的后货舱和主货舱,再卸载飞机的前货舱。在装载过程中,应先装载货物和邮件(靠近舱壁),再装载托运行李(靠近舱门)。装机后应使用系留设备(网、锚链、带子、绳子等工具)固定好板、箱及货物,防止板、箱、货物在飞机起飞、降落时滑动而损坏飞机和货物。装机过程中,若发现货物破损、有液体流出等不正常情况,应立即拉下该货物并报告相关部门查明原因,妥善处理。

9.4 特种货物装载

特种货物是指在收运、储存、保管、运输及交付过程中,因货物本身的性质、价值等条件,需要特别照料和服务的货物。特种货物运输往往利润空间较大,但是操作难度也较大,虽然运输量并不大,但稍有不慎就会出现问题。

常见的特种货物有:鲜活易腐物、活动物、贵重物品、危险品、超大超重货物、骨灰灵柩、外交信袋等。

特种货物运输需要采取特殊处理方法,否则会危害到飞机、旅客以及机组人员的安全。所以特种货物装载除了要遵守一般货运装载规定外,还应严格遵守每一类特种货物的特殊规定。承运特种货物时,货运部门需将特种货物情况通报配载平衡部门,由配载平衡部门决定特种货物装机位置并将相关信息填写在装载通知单上,同时也在载重平衡图和载重电报上注明。

9.4.1 贵重物品

1. 贵重物品概念

凡交运的一批货物中,含有下列物品中的一种或多种的,称为贵重物品。

(1) 毛重千克运输声明价值超过或等于1 000美元的国际货;超过或等于2 000元人民币的国内货。

(2) 黄金(包括提炼和未提炼过的金锭)、混合金、金币以及各种形状的黄金制品,如金粒、片、粉、绵、线、条、管、环和黄金铸造物;白金(铂)类稀有贵重金属(钯、铱、锇、钌、铑)和各种形状的铂合金制品,如铂粒、绵、棒、锭、片、条、网、管、带等。但上述金属以及合金的放射性同位素不属于贵重物品,而属于危险品,应按危险品相关规定处理。

(3)合法的银行钞票、有价证券、股票、旅行支票及邮票。

(4)钻石(包含工业钻石)、红宝石、蓝宝石、绿宝石、蛋白石、珍珠(包括养殖珍珠),以及镶有上述钻石、宝石、珍珠等的饰物。

(5)金、银、铂制作的饰物和表。

(6)珍贵文物(包括书、古玩、字画等)。

2. 贵重物品装载规定

(1)贵重物品运输优先使用直达航班。

(2)贵重物品运输必须全程订妥舱位。

(3)总重量在 45kg 以下,单件体积不超过 $45 \times 30 \times 20 cm^3$ 的贵重物品,应放在机长指定位置,有保险箱的尽量放在保险箱内,超过上述体积和重量的应放在有金属门的集装箱内或飞机散舱内。当使用集装箱时,贵重物品不得与其他货物混装在一起,当散货舱运输时,在情况许可下应单独装舱。

9.4.2 鲜活易腐物

1. 鲜活易腐物概念

鲜活易腐物是指在一般运输条件下易于死亡或变质腐烂的物品,如虾、蟹类、肉类、花卉水果、蔬菜类、沙蚕、活赤贝、鲜鱼类、植物、树苗、蚕种、蛋种、乳制品、冰冻食品、药品、血清、疫苗、人体白蛋白、胎盘球蛋白等。鲜活易腐物一般要求在运输和保管中采取特别的措施,如冷藏、保温等,以保持其鲜活或不变质。

2. 鲜活易腐物装载规定

(1)鲜活易腐物应优先配运,并尽可能利用直达航班。

(2)根据飞机机型以及飞机所能提供的调温、通风设备决定收运鲜活易腐物的数量。

(3)鲜活易腐物运输必须全程订妥舱位。

3．几类鲜活易腐物处理的特殊要求

1）鲜花

鲜花对温度的变化很敏感，所以载运的飞机货舱应有调温设备，通常应使用集装箱运输。

2）蔬菜

由于一些蔬菜含较高的水分，若不保持充分通风，会导致氧化变质，因此蔬菜的包装必须保证通风。在货舱内摆放时应远离活动物以及有毒物品，防止污染。如果由集装箱装运，不可与其他货物混装。由于大多数蔬菜会散发出乙醇气体，会对鲜花和植物造成影响，因此蔬菜与鲜花、植物也不可放在同一货舱内。

3）新鲜/冷冻的鱼、肉

必须密封包装、不致渗漏液体，必须小心存放以免造成污染。机舱和集装器内必须洁净，若之前运输过活动物，则必须经过消毒处理，操作人员也应经过卫生检查。

4）干冰

干冰不允许与活体动物以及正在孵化的禽蛋放在同一货舱内。干冰装载需符合各机型的装载舱位及重量要求；当干冰作为货物运输（非冷藏剂）时，其装载限制可按各货舱装载限量的两倍计算。

9.4.3　活体动物

1．活体动物概念

活体动物是指活的家禽、家畜、野生动物（包括鸟类）、试验用的动物、两栖动物、鱼、昆虫以及其他动物。

2．活体动物装载规定

（1）活体动物运输应尽量利用直达航班，如无直达航班，应尽量选择中转次数少的航班。

（2）根据飞机机型以及飞机所能提供的调温、通风设备决定收运活体动物的数量，适用机型根据相应航空公司的规定。装有活体动物的航班应通知机长，以采取加温措施，保证动物安全。

（3）活体动物运输必须全程订妥舱位。

（4）应注意动物运达目的站的日期，尽量避开周末和节假日，以免动物运达后延误交付，造成动物死亡。

（5）活体动物不能与食品、放射性物质、毒性物质、传染物质、灵柩、干冰等放在一个舱。

（6）互相是天敌的动物不能装在一起，检疫动物与非检疫动物应分开放置，实验用动物也不能放在其他动物旁边，避免交叉感染。

（7）活体动物应后装先卸，一般应装载在货舱门区；有不良气味的动物只能装在下货舱。

9.4.4 危险品

1. 危险品概念

危险品是一个总称，它是指在运输过程中，具有燃烧、爆炸、腐蚀、毒害、放射等性质，在运输、装卸、保管过程中能引起人身伤亡和财产损毁而需要特别防护的货物。危险品按其主要特征可以分为九类，如表 9-4 所示。

表 9-4 危 险 品

类 型	名 称	示 例
第一类	爆炸品	火药、炸药弹药、硝化纤维（广泛用于造漆、摄影胶片、赛璐珞等）、烟花爆竹
第二类	气体	乙炔、打火机（丁烷）、煤气、氮、硫化氢、氯气
第三类	易燃液体	汽油、乙醇、油漆
第四类	易燃固体、自燃固体和遇湿易燃固体	白磷、油浸的麻棉纸及其制品、活泼金属及其合金、碳磷化合物（碳化钙、磷化钙）、乒乓球、火柴、樟脑、钠
第五类	氧化剂和有机过氧化物	含氯的含氧酸及盐类（氯酸钾）、含有过氧基（-O-O-）的有机物
第六类	毒性物质和传染性物质	砒霜、农药、肝炎病毒
第七类	放射性物质	含有铀、镭、氡等放射性物质
第八类	腐蚀性物质	硫酸
第九类	杂项危险物品	磁性物品、干冰、麻醉物品、电池等

2. 危险品装载规定

（1）互不相容的危险物品必须分开存放。

（2）贴有"向上"标志的危险品不可侧置。

（3）"只限货机"的危险品严禁装在客机上。

（4）严禁运输包装破损的危险货物。

（5）装在客机上的四级包装放射性危险品必须放在飞机底部货舱且与主舱保持一定距离。

（6）在搬运或装卸危险物品包装件时，无论是采用人工操作还是机械操作，都必须轻拿轻放，切忌磕、碰、摔、撞；危险物品包装件装入飞机货舱后，装载人员应设法固定，防止危险物品在飞机飞行中倾斜或翻滚，造成危害。

9.4.5 超大超重货物

1. 超大超重货物的概念

"超大货物"一般是指体积超过机型限制，需要一个以上的集装板方能装下的货物，这类货物的运输需要特殊处理程序以及特殊装卸设备。"超重货物"一般是指每件超过 50kg 的货物，但最大允许货物的重量主要还取决于飞机机型（地板承受力）、机场设施以及飞机在地面停站的时间。

超大超重货物又称为超限货物，常见的有：汽车飞机发动机、大型机器设备、钢材等。

2. 超大超重货物装载规定

（1）非宽体运超限货物每件重量可放宽至 150kg，但在 An24、Y7 飞机上禁止承运超过 120kg 的货物，在宽体机上承运超限货物，应请示值班经理同意。

（2）超限货物运输必须全程订妥舱位。

（3）超限货物尽量装在集装器的中间位置，如果未超过集装箱的 2/3 容积，且属于重货，则必须固定。

（4）承运超限货物时，所需垫板等装卸设施应由托运人提供，并且按普货计费。

9.4.6 外交信袋

1. 外交信袋的概念

外交信袋是指各国政府（包括联合国下属组织）与其驻外大使、领馆、办事处之间运输作为货物托运的,使用专用包装袋的公务文件。

2. 外交信袋装载规定

(1) 外交信袋应按指定航班日期运出。

(2) 外交信袋应有完好的包装和明显的封志,如发现异常应立即报告。

(3) 外交信袋一般安排在直达航班上运输,国际航班国内段不安排外交信袋的运输。

(4) 外交信袋应放在货舱内明显的位置,并且不能与航空邮件装在一起。

(5) 外交信袋不可与放射性物质或磁性物质放在同一货舱内。

9.4.7　骨灰灵柩

骨灰灵柩具有很高的感情色彩,是敏感且紧急的货物,所以没有特殊原因,承运人一般不会受理此类货物。

1. 骨灰装载规定

(1) 承运人接受骨灰运输后,处理基本与普通货物处理一致,通常情况下骨灰的运输可被任何飞机接受,无须订舱。

(2) 骨灰可装在下货舱,亦可由旅客随身携带。

(3) 骨灰运输应事先通知机组人员。

2. 灵柩装载规定

(1) 灵柩运输必须全程订妥舱位。

(2) 灵柩尽量装在集装板上,不可与其他货物混运,除非整票集运货都是灵柩。

(3) 灵柩必须远离动物和食品,散装时,灵柩不能与动物装在同一货舱内,集运时,分别装有灵柩和动物的集装器,装机时中间至少应有一个集装器间隔。

(4) 灵柩必须在旅客登机前装机,在旅客下机后卸机。

(5) 灵柩只可以水平放置,不可以直立或侧放。

(6) 灵柩应装在全货机或有独立货舱的客机上。

9.4.8　停场待修飞机的航材

航材为紧急货物,为保证尽快卸机,装机时应先装其他货物,后装航材;小件航材装散舱时,应尽量装在货舱门口;装有航材的集装器,应尽量装在靠近货舱门的位置,并在电报中注明。

9.4.9　武器弹药

武器包括枪支、警械、军用器材等。武器是特种管制物品,弹药是特种管制的危险物品。散装时,枪支不能与弹药装在同一货舱内;枪支、弹药不能装在同一集装器内。

9.5　装机通知单

装机通知单也称为装载通知单,简称装机单,是装卸部门进行飞机装载作业的依据。装机通知单由配载部门填制或认可,如有更改,必须得到配载部门的同意。

配载人员必须认真填写装机通知单,装卸人员必须严格按照装机通知单指示装卸,做到实际装载各舱重量与装机通知单相符,实际箱、板的放置位置符合装机通知单指示的要求,避免飞机前后或左右装载不均。

装机通知单一式四份:一份配载室留存;一份交目的站放业务袋内;一份随业务袋交平衡室;一份带至外场装卸。

配载人员填制装机通知单,必须遵循货舱业载分布的基本原则,具体如下:

充分考虑机型的重心特点。根据订座旅客人数,预估旅客因素对飞机重心的影响,以此安排货舱业载的分布。如旅客业载对飞机重心的影响不明显,对货舱业载分布无特殊要求,则尽量使货舱业载对飞机重心的影响也不明显。具体就是均衡安排前、后货舱的业载,使之基本不影响飞机重心。在条件允许的情况下,安排货舱的业载分布要有一定的灵活度,当重心需要调整时,可以进行货舱业载的前后舱调整。

不同机型的装机通知单各不相同,但大都能反映航班基本信息、货舱的基本布局、各舱的最大载量和联合载量等信息。图 9-5 和图 9-6 为装机单样例。

1. 航班情况栏

图 9-7、图 9-8 分别是 B767 飞机、A320 飞机装机通知单的航班情况栏。该栏目填写航班号、日期、机号、目标机场等情况。

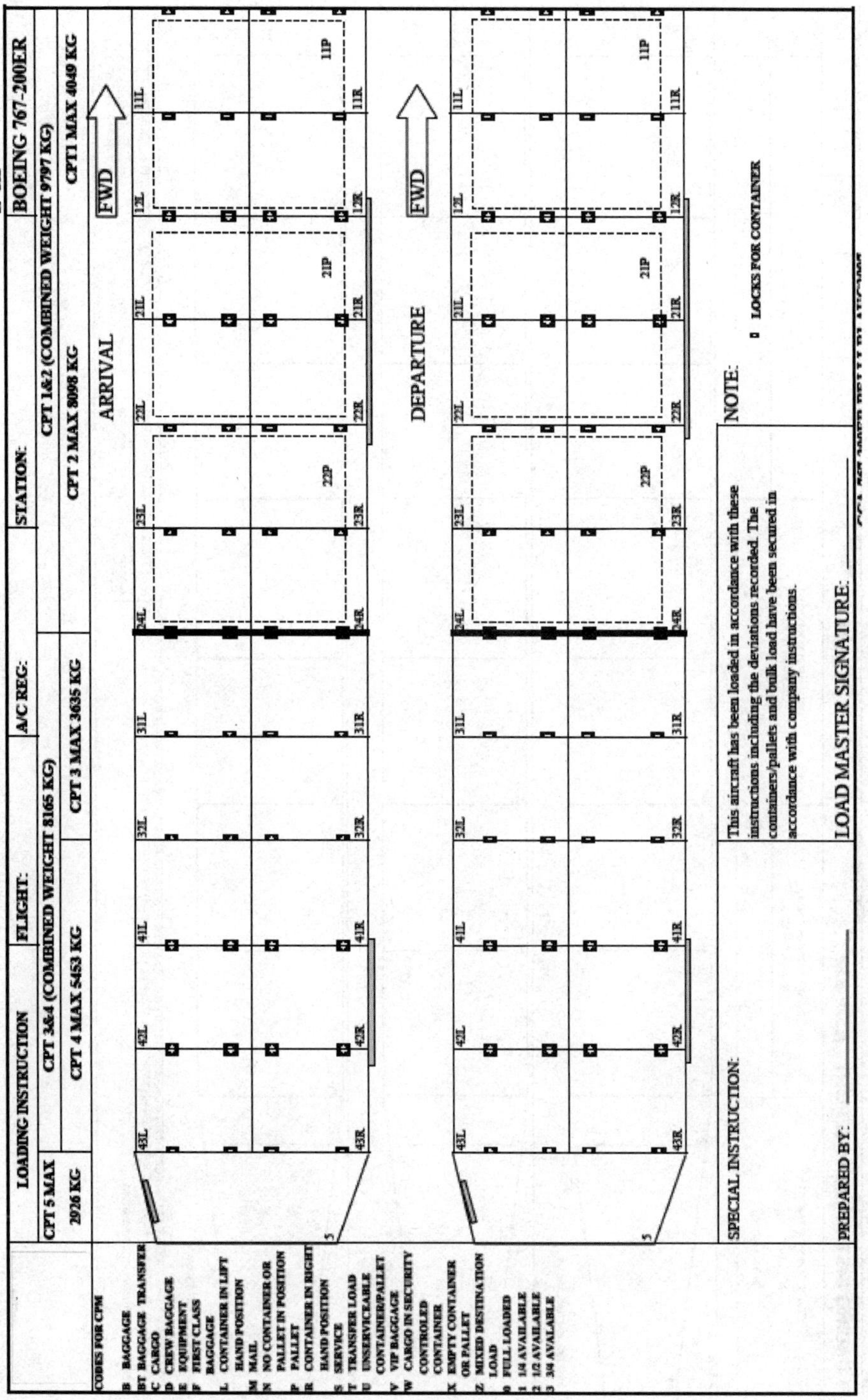
DF-802
LOADING INSTRUCTION
FLIGHT:
A/C REG:
STATION:
BOEING 767-200ER
CPT 5 MAX 2926 KG
CPT 3&4 (COMBINED WEIGHT 8165 KG)
CPT 4 MAX 5453 KG
CPT 3 MAX 3635 KG
CPT 1&2 (COMBINED WEIGHT 9797 KG)
CPT 2 MAX 8098 KG
CPT1 MAX 4049 KG
ARRIVAL
DEPARTURE
FWD
SPECIAL INSTRUCTION:
NOTE:
LOCKS FOR CONTAINER
This aircraft has been loaded in accordance with these instructions including the deviations recorded. The containers/pallets and bulk load have been secured in accordance with company instructions.
PREPARED BY:
LOAD MASTER SIGNATURE:
CODES FOR CPM

图 9-5　B767 装机单

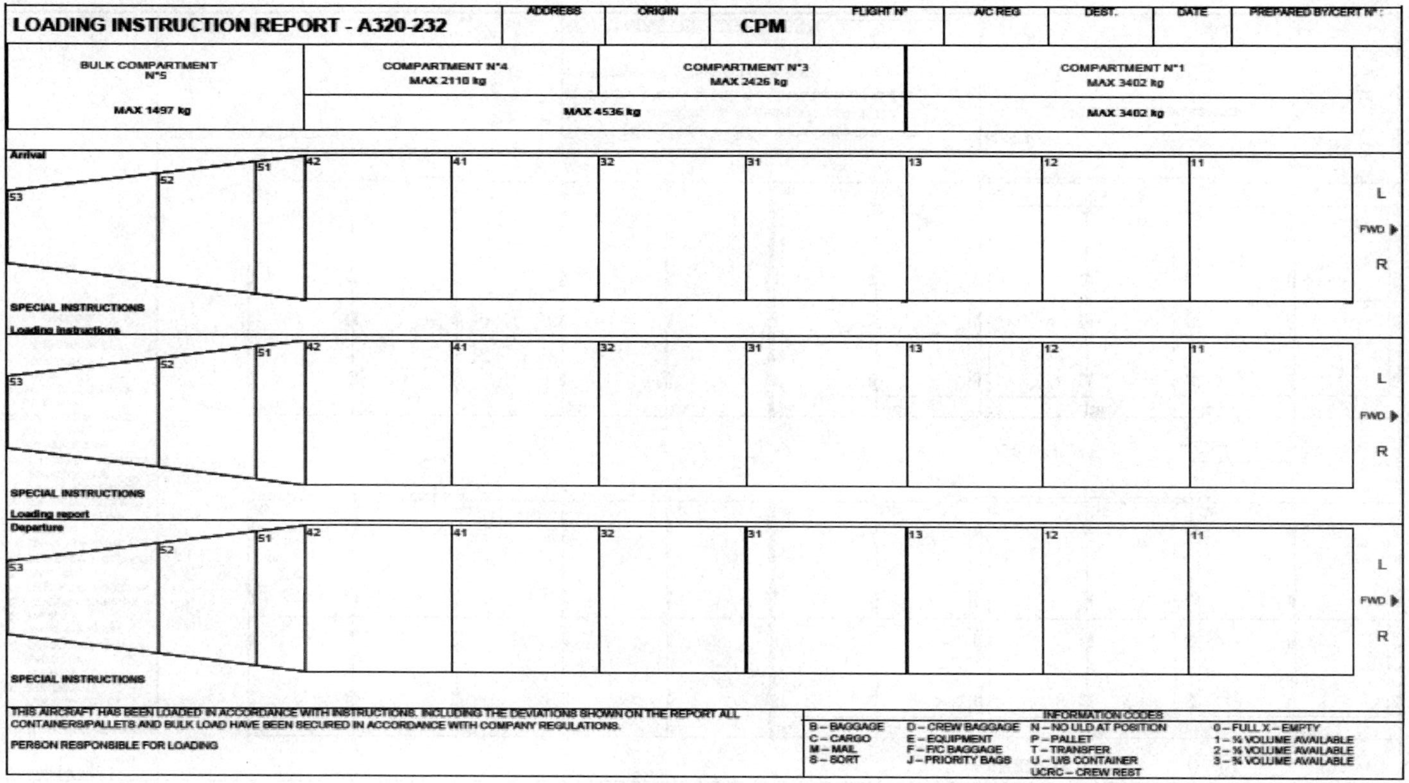
LOADING INSTRUCTION REPORT - A320-232
ADDRESS
ORIGIN
CPM
FLIGHT N°
A/C REG
DEST.
DATE
PREPARED BY/CERT N° :
BULK COMPARTMENT N°5
MAX 1497 kg
COMPARTMENT N°4
MAX 2110 kg
COMPARTMENT N°3
MAX 2426 kg
MAX 4536 kg
COMPARTMENT N°1
MAX 3402 kg
MAX 3402 kg
Arrival
53
52
51
42
41
32
31
13
12
11
L
FWD
R
SPECIAL INSTRUCTIONS
Loading instructions
SPECIAL INSTRUCTIONS
Loading report
Departure
SPECIAL INSTRUCTIONS
THIS AIRCRAFT HAS BEEN LOADED IN ACCORDANCE WITH INSTRUCTIONS, INCLUDING THE DEVIATIONS SHOWN ON THE REPORT ALL CONTAINERS/PALLETS AND BULK LOAD HAVE BEEN SECURED IN ACCORDANCE WITH COMPANY REGULATIONS.
PERSON RESPONSIBLE FOR LOADING
INFORMATION CODES
B – BAGGAGE
C – CARGO
M – MAIL
S – SORT
D – CREW BAGGAGE
E – EQUIPMENT
F – F/C BAGGAGE
J – PRIORITY BAGS
N – NO ULD AT POSITION
P – PALLET
T – TRANSFER
U – U/S CONTAINER
UCRC – CREW REST
0 – FULL X – EMPTY
1 – ¼ VOLUME AVAILABLE
2 – ½ VOLUME AVAILABLE
3 – ¾ VOLUME AVAILABLE

图 9-6 A320 装机单

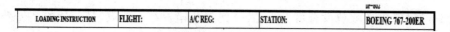

LOADING INSTRUCTION	FLIGHT:	A/C REG:	STATION:	BOEING 767-200ER

图 9-7　B767 航班情况栏

ADDRESS	ORIGIN	CPM	FLIGHT N°	A/C REG	DEST.	DATE	PREPARED BY/CERT N° :

图 9-8　A320 航班情况栏

2. 货舱载量限制栏

图 9-9 是 B767 各货舱载量限制栏,可见 B767 货舱分 1,2,3,4,5 个区,1 舱最大载重量 4 049kg,2 舱最大载重量 8 098kg,1 和 2 舱联合最大载重量 9 797kg,3 舱最大载重量 3 635kg,4 舱最大载重量 5 453kg,3 和 4 舱联合最大载重量 8 165kg,5 舱最大载重量 2 926kg。

CPT 5 MAX	CPT 3&4 (COMBINED WEIGHT 8165 KG)		CPT 1&2 (COMBINED WEIGHT 9797 KG)	
2926 KG	CPT 4 MAX 5453 KG	CPT 3 MAX 3635 KG	CPT 2 MAX 8098 KG	CPT1 MAX 4049 KG

图 9-9　B767 货舱载量限制栏

图 9-10 是 B737 飞机装机通知单的货舱限制栏,显示飞机 4 个分货舱的分布情况。分别叫 1、3、4、5 舱,1 舱最大载重量 3 402kg,3 舱最大载重量 2 426kg,4 舱最大载重量 2 110kg,3 舱和 4 舱联合最大载重量 4 536kg,5 舱最大载重量 1 497kg。

BULK COMPARTMENT N°5	COMPARTMENT N°4 MAX 2110 kg	COMPARTMENT N°3 MAX 2426 kg	COMPARTMENT N°1 MAX 3402 kg
MAX 1497 kg	MAX 4536 kg		MAX 3402 kg

图 9-10　B737 货舱载量限制栏

3. 货舱布局栏

图 9-11 是 B767 飞机装机通知单的货舱布局栏。显示飞机货舱分为 5 个分货舱,其中 11L、11R、12L、12R 都属于 1 舱。11L 可以理解成 1 舱的左 1 号箱位,12R 可以理解成 1 舱的右 2 号箱位。飞机上集装板的位置在图中用 11P、21P 表示(有的航空公司标注为 P11、P21 等)。飞机货舱中放板或放箱的位置都有限制,图中标明放箱板的位置才可以放箱板,例如 B767-300 飞机只有 1 舱、2 舱能够放集装板,3 舱、

4 舱只能放集装箱,5 舱没有箱板标志,任何集装箱板都不能放,是散货舱。另外,可放箱板的型号需要查阅飞机性能部分的有关内容,这关系到舱门尺寸和舱内空间等的限制,不可以随意选择。

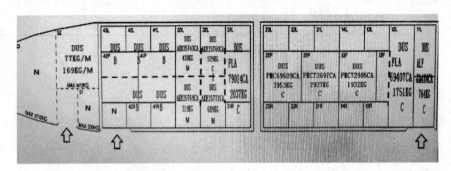

图 9-11　B767 货舱布局栏

在装机通知单上,粗线或带颜色线为货舱门的位置。"【"和"】"为集装箱卡锁及其固定方向的符号,集装板固定件则没有标出。

装机通知单上关于货舱布局栏,通常有到达(ARRIVAL)和出发(DEPARTURE)两部分,两部分内容完全相同。"出发"部分是供起飞站安排出港装载时填写。"到达"部分供记录过站装载情况用,以便合理安排本站出港装载。"到达"部分也可作为"出发"部分的修正栏使用。

4. 代号栏

具体机型代号栏不完全相同,但常用代号是一致的,下面以图 9-12 为例说明。

INFORMATION CODES			
B – BAGGAGE	D – CREW BAGGAGE	N – NO ULD AT POSITION	0 – FULL X – EMPTY
C – CARGO	E – EQUIPMENT	P – PALLET	1 – ¼ VOLUME AVAILABLE
M – MAIL	F – F/C BAGGAGE	T – TRANSFER	2 – ½ VOLUME AVAILABLE
S – SORT	J – PRIORITY BAGS	U – U/S CONTAINER	3 – ¾ VOLUME AVAILABLE
		UCRC – CREW REST	

图 9-12　代号栏

B:行李;C:货物;M:邮件;S:勤务;D:机组行李;E:设备;F:头等舱行李;J:优先行李;N:此处不允许有集装箱板;P:集装板;T:转运业务载量;U:无法使用集装箱板;UCRC:机组休息区;0:满载;1:1/4 可用;2:1/2 可用;3:3/4 可用。

此外还有特殊要求和备注栏,填写注意事项等相关信息。

某航班 A330 执飞,配载人员经过计算,最后该航班载运货物的装机单如图 9-13 所示。

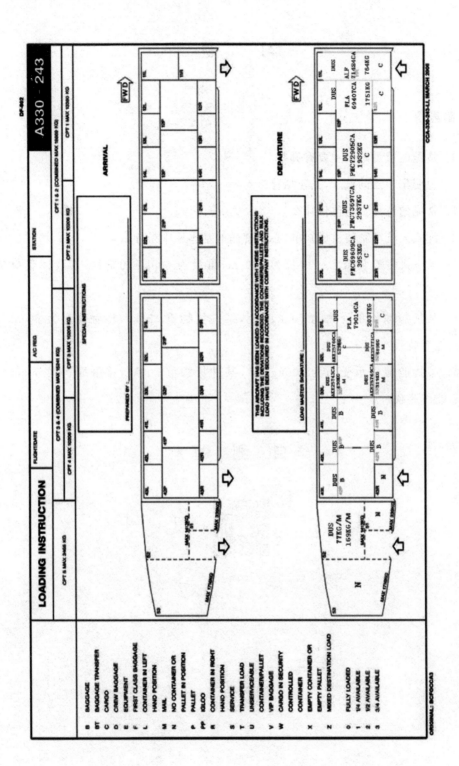

图 9-13 A330 装机通知单

习　题

简答题

1. 货舱的重量限制主要有哪些？

2. 说明集装器的概念，其包括什么？

3. 常见的特种货物包括什么？

4. 配载人员填制装机通知单，必须遵循的基本原则是什么？

5. 某飞机货舱装载了一件长为 100cm，重量为 600kg 的货物，其线性载荷是多少？

6. 某货舱地板承受力为 $700kg/m^2$，某件货物重 150kg，接触面积为 50cm×50cm，能否装载？

7. 某货舱地板承受力为 $700kg/m^2$，某件货物重 200kg，接触面积为 50cm×50cm，能否装载？

自　测　题

第 10 章

离港系统与配载业务

计算机离港控制系统(Departure Control System,简称 DCS),是中国航信引自美国 UNISYS 公司的航空公司旅客服务大型联机事务处理系统,分为旅客值机(CKI)、航班数据控制(FDC)、配载平衡(LDP)三大部分。旅客值机是旅客购买机票后上飞机前必经的程序,包括处理旅客信息、确认机上座位、发放登机牌、交运行李等一系列操作;航班数据控制部分负责值机系统的数据管理工作,包括航班信息显示/修改、定期航班时刻表的建立/修改、飞机布局表的建立/显示/修改等;配载平衡是飞机起飞前工作人员进行的飞机业载分配工作,确保飞机处于制造商要求的重量与平衡条件内,包括建立配载航班信息、确定业载分布、打印舱单、发送相关报文等。CKI 与 LDP 可以单独使用,也可以同时使用。

对于航空公司来说,使用离港系统可以实现计算机办理乘机手续,假票识别,代码共享,电子客票,开展机场旅客服务,联程和异地值机,ASR 座位提前预订,管理数字化,快速化,为效益分析系统提供原始数据源,提高飞行安全性,节省航油。对于机场来说,可以提高航班正点率,减轻值机及配载人员的劳动强度,减轻统计人员的劳动强度,节省电报拍发费用,提高旅客服务水平,提高机场现代化管理水平,提供机场信息系统的基础和数据源。对于航空相关管理机构,可以实时得到各机场生产数据,节省大量用于统计的人力和物力。

10.1 离港系统主要功能

10.1.1 离港系统与订座系统

离港系统的应用与订座系统紧密相连。在办理值机前,离港系统需要向订座系统申请旅客名单报(RQL),订座系统收到 RQL 后向离港系统传送旅客名单报(PNL)和旅客名单增减报(ADL)。航班关闭后,离港系统向订座系统传送最后销售报 PFS,提供详细的最后登机人数、头等舱旅客名单、候补旅客人数、订座未值机人数等,以便于订座系统控制人员了解航班实际使用情况。

10.1.2　航班数据控制功能

(1) 负责值机系统的数据管理工作。

(2) 旅客值机航班通常由航班数据控制系统编辑的季节航班表生成,旅客名单可以通过向订座系统申请得到。

(3) 航班控制大体分以下几个部分的内容:建立航班、准备航班、座位控制、航班关闭。

10.1.3　离港系统办理航班的工作流程

通过使用离港系统,可以为旅客提供快捷的服务,并提高地面服务人员的工作效率,减少不必要的人工误差。使用离港系统的主体工作流程如下:

1. 建立计划航班信息

计划航班信息是根据各航空公司制定的季节性航班计划来建立的,在一定的时间内是相对固定的,只有在各航空公司季节性航班计划调整后,需要重新建立。

2. 每天准备值机航班

航班在办理值机手续之前,需要由控制人员完成航班的初始化工作,即旅客名单报的申请、航班座位的管理及各种限额的分配等工作。

3. 柜台办理值机手续

航班准备完毕,由值机人员为旅客办理值机手续,期间若出现限额不足或座位分配方面的问题,及时与航班控制人员联系。

4. CKI 关闭航班

在航班起飞前 30min,由值机柜台完成航班初始关闭,即值机关闭,系统会自动传消息给控制室,控制室会相应地做中间关闭,这样配载员就可以进行配载平衡工作。

5. 航班配载平衡

配载员在中间关闭后,对航班进行配载平衡,打印舱单,并发送相关的配载报文。

6. 航班最后关闭

航班起飞后控制人员对航班做最后关闭,系统会自动向相关的航站发送所需报文。

10.2　配载平衡(LDP)相关业务

飞机配载为飞机起飞前必要程序。配载员综合考虑影响飞机平衡的各种因素,确定飞机业载分布,取得飞机起飞前必需的重量、重心等数值,确定飞机重量、重心是否在规定范围内。传统的手工配载方式工作程序复杂,环节较多,人为因素影响大,容易产生错误。计算机配载将配载员从烦琐的手工方式中解脱出来,大大提高了配载工作效率,提高配载准确性,已为世界航空界广泛采用。

10.2.1　计算机配载与传统手工配载方式的联系和区别

计算机配载与传统手工配载方式均遵循以下基本流程:

(1) 确定航班使用飞机的操作空重和操作空重指数。

(2) 针对特定航班,对操作空重和操作空重指数进行必要调整。

(3) 根据航班飞行航线,确定实际加油量。

(4) 根据旅客、行李、货物等业载情况确定业载分布。

(5) 得到飞机起飞重心、零油重心、落地重心值,确定是否在制造商规定范围内。得到飞机起飞重量、零油重量、落地重量值,确定是否在制造商规定范围内。

(6) 对某些类型飞机,确定水平尾翼值。

(7) 做出舱单,交机长查验。

(8) 发送必要报文。

计算机配载和传统手工配载遵循相同的原理和操作流程,但有以下区别:

(1) 传统的手工配载方式工作程序复杂,环节较多,人为因素影响大。

(2) 计算机配载避免了手工误差,操作方便、高效,计算也更加准确。

（3）由于客舱内同一区不同的旅客座位分布对重心的影响是不同的,同一货舱不同的箱板分布对重心的影响也不同,在手工配载图上并不能体现出上述变化。

10.2.2　LDP 操作的基本流程

LDP 操作全过程主要包括建立航班、修改航班操作数据、加油、确定业载分布、关闭航班、打印舱单、发送报文、释放航班等步骤。

LDP 可同 CKI 结合使用,也可单独使用。主要指令包括:

LCFD/LCFU 建立配载航班;

LODD/LODU 修改航班操作数;

LFFD/LFFU 加油指令;

LPAD/LPAU 确定业载分布指令;

LFSD/LFSU 关闭航班指令;

LLSP 打印舱单指令;

LLDM/LCPM/LUCM 发送报文指令。

配载操作流程见图 10-1。

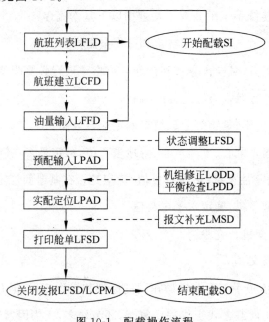

图 10-1　配载操作流程

10.2.3　主要流程介绍

1. 建立配载航班

建立配载航班是日常操作中使用配载功能的第一步。建立航班目的是在离港系统中确定特定航班,日常操作均针对某一特定航班。LDP 中对特定航班以航班号和航班日期为标识。建立航班时需要指定航班所用飞机注册号和飞机布局。飞机注册号为投入商务运营的飞机在所属国民用航空管理部门注册时获得的号码,具有唯一性。建立航班时指定飞机注册号,即可识别特定飞机,从离港系统已建立的飞机数据库中读取该飞机数据。飞机布局为投入商务运营飞机的舱级座位布局,同一飞机根据不同需要,可以有不同的座位布局,指定座位布局后,可在离港系统中读取针对某一飞机特定座位布局的数据,供配载时使用。离港系统中建立的飞机数据在飞机不发生变化的情况下,通常保持不变。在配载航班建立后,改变该航班使用飞机的数据,不影响已建立好的航班。

2. 航班油量控制

航班油量数据为影响飞机载重平衡的重要因素。主要体现为不同的油量对飞机的起飞重量、起飞重心、最大允许业载等均有影响。LDP 可以体现标准加油方式和非标准加油方式对飞机重心的不同影响,可以最多体现四种不同密度的燃油对重心的影响。在配载平衡中油量数据对起飞重心的影响通常以加和指数变化对照表的形式体现。LDP 根据配载人员对特定航班输入的加油方式、油量密度、加油重量等参数,通过系统中该飞机已有的油量和指数变化对照表决定该航班油量数据对重心指数的影响。

3. 航班配货、加旅客(LPAD/LPAU)

在 LDP 中,业载包括货物、邮件、旅客和旅客行李。货物由重量表示,旅客由旅客数量表示,系统内部计算出旅客重量。LDP 自动累计每航节的全部业载。LDP 将总业载同航班载量限制进行比较,对工作人员给出载量超出或重心在平衡范围之外的情况的提示。配载工作人员可以输入、分配、更新预计的或实际的各种业载载量,可以将集装箱板和散货分布到预先定义好的货位上,系统自动判定是否符合要求。通过合理分布业载,配载工作人员可以获得较理想的重心值达到减小耗油的目的。

4．查看航班状态（LFSD）

配载航班建立之后，可以随时查看航班状态，在结载时关闭航班，打印舱单。

航班关闭包括以下步骤：

（1）关闭航班。

（2）打印舱单。

（3）打印装载单。

（4）释放航班。

其中步骤（3）不经常使用，步骤（4）在下一航站不为航班最终到达站时使用。

配载航班可有以下状态：

（1）航班开放：航班开放状态下，可以进行航班关闭前的配载工作。

（2）航班关闭：航班只有在被关闭后，才可以打印舱单。在航班关闭前，所有的业载必须已被分配位置。

（3）航班释放：航班只有在关闭和打印舱单之后才能被释放。航班释放后，下一航站可以进行配载处理。

5．修改航班操作数据（LODD）

航班操作数据主要指航班操作空重、操作空重指数、最大起飞重量、最大落地重量、机组调整等。系统飞机数据中记录通常情况下飞机操作空重、操作空重指数、结构性最大重量限制。但针对不同情况，特定航班需要对这些参数进行调整，主要有：

（1）增减机组。

（2）增减各种补给品。

（3）有加座旅客。

（4）由于种种原因，对最大起飞重量进行限制。

（5）由于种种原因，对最大落地重量进行限制。

6．打印舱单（LLSP）

权限：1-9；88；101-104 级。

作用：通常情况下航班在使用 LFSD 指令关闭时自动打印舱单，但是如果需要重复打印，可直接使用本指令输出。

使用条件：使用指令的航站必须在航班的经停航线上，而且航班已经关闭但还未释放(CCL),航班处于平衡状态。

指令格式:

> LLSP:航班号/日期/航站/七字地址

7. 显示配载报文地址定义

航站信息数据为航空公司静态数据组成部分。使用配载模块建立航空公司航班时,航班航线上的航站名称必须为 LAID/LAIU 中已定义的。

显示和修改航空公司航站数据,主要包括航站是否可作为配载航段起始站,航站电报地址,舱单打印地址,航站跑道信息等。

指令格式:

> LAID:航空公司代码/航站

8. 手工发报

根据报文种类不同,使用不同的指令将 LPM,LDM,CPM,UCM 发送到指定的七字地址上。该七字地址在 LAID/LAIU 中定义。

指令格式:

1)发载重报
> LLDM:航班号/日期/始发航站
　2)发预配报
> LLPM:航班号/日期/始发航站
3)发箱板报
> LCPM:航班号/日期/始发航站
　4)报文补充信息显示和修改
> LMSD:航班号/日期/报文类型/航站

习　　题

1. 计算机离港控制系统(Departure Control System,简称 DCS),是中国航信引自美国 UNISYS 公司的航空公司旅客服务大型联机事务处理系统,分为＿＿＿＿、＿＿＿＿、＿＿＿＿三大部分。

2. 简述使用离港系统的好处有哪些。

3．在办理值机前，离港系统需要向_____申请旅客名单报（RQL），_____收到 RQL 后向离港系统传送旅客名单报（PNL）和旅客名单增减报（ADL）。

4．简述离港系统办理航班的工作流程。

5．飞机配载为飞机起飞前必要程序，简述配载员需做的工作。

6．计算机配载与传统手工配载方式的联系和区别有哪些？

7．LDP 操作全过程主要包括 _____、_____、_____、_____、_____、_____、_____、_____等步骤。

8．解读以下指令内容：

LCFD/LCFU
LODD/LODU
LFFD/LFFU
LPAD/LPAU
LFSD/LFSU
LLSP
LLDM/LCPM/LUCM

9．LDP 中对特定航班以航班号和航班日期为标识，建立航班时需要指定航班_____、_____。

10．LDP 可以体现_____和_____对飞机重心的不同影响，可以最多体现四种不同密度的燃油对重心的影响。在配载平衡中油量数据对起飞重心的影响通常以加和指数变化对照表的形式体现。LDP 根据配载人员对特定航班输入的_____、_____、_____等参数，通过系统中该飞机已有的油量和指数变化对照表决定该航班油量数据对重心指数的影响。

11．配载航班建立之后，可以随时查看航班状态，在结载时关闭航班，打印舱单。航班关闭包括以下步骤：_____、_____、_____、_____。配载航班可有以下状态：_____、_____、_____。

12．航班操作数据主要指_____，_____，_____，_____，_____等。主要针对情况为_____、_____、_____、_____、_____、_____。

参 考 文 献

[1] 林彦,郝勇,林苗.民航配载与平衡[M].北京:清华大学出版社,2011.

[2] 万青.飞机载重平衡[M].北京:中国民航出版社,2004.

[3] 傅职忠.飞行计划与装载配平[M].北京:中国三峡出版社,2003.

[4] 程诚.飞机载重与平衡[M].北京:中国民航出版社,2016.

[5] 航空器重量与平衡控制规定.AC-121-FS-135.2019.

[6] 航线运输驾驶员执照理论考试知识点.FS-ATSR-004AR1.2016.

[7] 运输类飞机适航标准.CCAR-25-R4.2016.

[8] 大型飞机公共航空运输承运人运行合格审定规则.CCAR-121-R7.2021.

[9] 离港系统操作实用手册.中国民航信息网络股份有限公司

[10] 杨新湮,吴维,孟令航.民航空概论[M].北京:人民交通出版社股份有限公司,2019.

[11] 陈琳,杜醒,李俊醑.飞行运行与资料[M].北京:中国民航出版社有限公司,2022.

[12] 陈琳,张炳祥.航空公司运行管理[M].北京:清华大学出版社,2021.

[13] 陈琳,张炳祥.签派放行与简易飞行计划实践[M].北京:清华大学出版社,2021.

[14] 庆锋,朱怡.飞机飞行原理[M].北京:中国民航出版社,2016.

课后习题参考答案

第 1 章

简答题

1. 分为两大类。一类是轻于空气的航空器,这一类按照有无动力控制飞行方向分为飞艇和气球。另一类航空器则是本身重于空气,分为非动力驱动和动力驱动两类,但是比较常见的分类方式是按照机翼的形状和安装方式分,分为固定翼航空器、扑翼机、旋翼航空器和倾转旋翼机。

2. 飞机分为 A、B、C、D、E 五类;分类标准是批准的飞机最大着陆重量、着陆形态下失速速度的 1.3 倍。

3. C919 基本型混合级布局 158 座,全经济舱布局 168 座,高密度布局 174 座,标准航程 4 075km,最大航程 5 555km。是中国继运 10 后自主设计、研制的第二种国产大型客机,是中国首款按照最新国际适航标准研制的干线民用飞机,具有完全自主知识产权。2022 年 5 月 14 日,在浦东机场首次飞行试验圆满完成。

4. APU 的作用是向飞机独立地提供电力和压缩空气。飞机在地面时,APU 提供电力和压缩空气,保证客舱和驾驶舱内的照明和空调;飞机起飞时,使发动机功率全部用于地面加速和爬升,改善了起飞性能;降落后,仍由 APU 供应电力照明和空调,使主发动机提早关闭,从而节省了燃油,降低机场噪声;飞行中当主发动机空中停车时,APU 可在一定高度(一般为 10 000m)以下的高空中及时启动,为发动机重新启动提供动力。

填空题

1. 飞机机体主要由<u>机翼</u>、<u>机身</u>、<u>尾翼</u>、<u>起落架</u>等外部部件组成。

2. 现在的民航飞机采用的大多是单机翼。单机翼又根据机翼在机身上的安装位置分为<u>上单翼</u>、<u>中单翼</u>和<u>下单翼</u>。

3. 机翼的前缘和后缘加装了很多改善或控制飞机气动力性能的装置,这些装置包括副翼、襟翼、缝翼和扰流板。

4. 机翼两侧的扰流板均打开时,增加机翼上的阻力,同时减少升力,使飞机能在空中迅速降低速度;当一侧的扰流板打开时,使一侧的阻力上升,使飞机侧倾。在飞机接地后打开,使飞机压紧地面,以空气动力制动飞机。

5. 水平尾翼由固定的水平安定面和可偏转的升降舵组成;垂直尾翼由固定的垂直安定面和可偏转的方向舵组成。

6. 目前民航飞机起落架的配置主要有前三点式和后三点式。大型高速飞机的起落架都采用前三点式布局,主要的承重起落架(主起落架)在重心之后。

7. 目前民用航空发动机主要有两种类型:活塞式发动机、喷气式发动机。

8. 带压气机和涡轮的喷气式发动机一般有以下 4 种:涡轮喷气发动机、涡轮螺旋桨发动机、涡轮风扇式发动机、涡轮轴式发动机。

9. 四冲程活塞式发动机工作过程包括:吸气冲程、压缩冲程、做功冲程、排气冲程。其中做功冲程的作用是把汽油燃烧的热能转化为曲轴转动的机械能。

10. 涡轮喷气发动机由进气道、压气机、燃烧室、涡轮、尾喷管几个部分组成。

第 2 章

1. 大气是由 78% 的氮气,21% 的氧气以及 1% 的其他气体组成。

2. 整个大气层随高度不同表现出不同的特点,根据气温的垂直分布特点,可将大气分为对流层、平流层、中间层、电离层和散逸层等五层。民用飞机一般的飞行在对流层和平流层。

3. 随高度增加,气温降低(对流层内),气温保持(平流层底部),气温升高(平流层上部);高度增加,空气压力减小;高度增加,空气密度减小。

4. 标准海平面高度为 0;

标准海平面相对湿度为 0;

标准海平面气温为 288.15K、15℃ 或 59℉;

标准海平面气压为 1 013.25hPa 或 760mmHg 或 29.92inHg;

标准海平面的密度为 1.225kg/m³。

5. ISA 偏差指某处实际温度与 ISA 标准温度的差值,它是一种表示实际大气温度的方法。

6. 流体是不能承受剪切力的,即使在很小的剪切力作用下,流体会连续不断地变形,但是不同的流体在相同作用的剪切力下变形的速度是不同的,也就是不同的流体抵抗剪切力的能力不同,这种能力称为流体的黏性。

7. 对于定常流,因流管的密闭性,在同一时间流过流管任意截面的流体质量相等。

$$\rho_1 \cdot v_1 \cdot A_1 = \rho_2 \cdot v_2 \cdot A_2$$

8. 由连续性定理分析可知,流过机翼上表面的气流受压缩程度大于下表面,因此上表面气流流动比下表面的气流速度快。

由伯努利定理分析可知,上表面流速大于下表面流速,下表面压强大于上表面压强。上下表面出现的压力差,在垂直于(前方匀直流)相对气流方向的分量为升力。

9. $L = 1/2\rho v^2 C_L S$,飞机的升力 L 与升力系数 C_L、来流动压 $1/2\rho v^2$ 和机翼面积 S 成正比。

升力系数 C_L 随迎角 α 的增大而增大,$1/2\rho v^2$ 为动压 P_d,指单位体积空气所具有的动能。

10. 对于低速飞机,根据阻力的形成原因,可将阻力分为:摩擦阻力、压差阻力、干扰阻力和诱导阻力。

摩擦阻力:由于紧贴飞机表面的空气受到阻碍作用而流速降低到零,根据作用力与反作用力定律,飞机必然受到空气的反作用。这个反作用力与飞行方向相反,称为摩擦阻力。

压差阻力:气流流过机翼后,在机翼的后缘部分附面层分离形成低压涡流区;而在机翼前缘部分,气流受阻压强增大,机翼前后缘就产生了压力差,前方的高压与后缘的低压,产生从前缘到后缘的气流流动趋势,这与来流方向一致,与运动方向相反,机翼产生压差阻力。

干扰阻力:飞机不同部位,机翼、机身及尾翼都有其自身的阻力,当将不同部位安装在一起时,将产生额外的阻力。这种由于各部位气流之间的相互干扰而产生的额外阻力,称为干扰阻力。

诱导阻力:废阻力与黏性有关,而与黏性无关却与升力有关的阻力是诱导阻力,又称为升致阻力。而诱导阻力的产生又与翼尖涡有关。诱导阻力是三维机翼在产生升力时伴随产生的一种阻力,无论有无黏性,只要产生升力,就会产生这种阻力。

第3章

1. 性能分析按侧重点不同又分为低速性能和高速性能两大类。低速性能,包括起飞和着陆,分析重点主要在保障飞行安全,高速性能包括爬升、巡航、下降等,重点在提高经济效益。

2. 飞机的起飞过程包括两个阶段:起飞段或起飞场道段是从松刹车点开始的起飞地面滑跑阶段和加速上升到安全高度(对运输类飞机为 10.7 米或 35 英尺)阶段。起飞飞行段或称为起飞航道段是从起飞段结束点到高于起飞表面 450 米或 1 500 英尺,或完成从起飞到航路形态的转变并达到起飞最后速度的一点。

3. 起飞性能计算的目的是保证飞机的起飞安全和提高经济性,计算的内容主要是针对具体的机型、气象和机场情况确定最大允许的起飞重量(MTOW),以检查实际起飞重量,确定要求的起飞推力大小,并针对实际起飞重量求出主要的起飞速度(特别是 V_1,V_R,V_2),以保证起飞飞行安全并达到预期的起飞性能。

4. 结构强度限制/审定重量、场地长度限制、爬升梯度限制、超越障碍物限制、轮胎速度限制、刹车能量限制、地面最小操纵速度 VMCG 限制、跑道强度限制。

5. 结构强度限制、场地长度限制、进近爬升梯度限制、着陆爬升梯度限制、跑道强度限制。

6. 为便于飞行员操纵,通常采用等表速/等马赫数爬升。常用的爬升方式有:最大爬升梯度爬升、最大爬升率爬升、最"经济"爬升、最低成本爬升。

7. 从最低成本考虑,要确定出对应于总成本(燃油成本和时间成本)最低的速度或飞行马赫数,称经济巡航马赫数或最低成本巡航马赫数。成本指数越大,巡航马赫数越大。

8. 巡航高度的选择要提高巡航阶段的经济性,也要考虑各方面的限制,保障安全。要考虑的因素包括:最佳高度、风的影响、推力限制、过载能力限制、航程限制、空中交通管制的限制、阶梯巡航。

9. 飞行计划最基本的内容是针对每一航班算出允许的最大业载、轮挡油量、备份油量、起飞总油量、轮挡时间等各项数据,详细的飞行计划还应算出到达各航路点的时间、所消耗的油量(或剩余油量)、在各航路点的速度、航向等。

10. 所需可用燃油的计算必须包括:滑行燃油、航程燃油、不可预期燃油、备降燃油、最后储备燃油、酌情携带的燃油。

第 4 章

1.

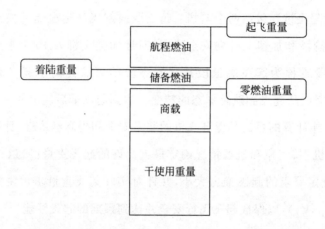

2. 实际 MTOW 是下列 A、B、C 中最小值:A 是受最大无油重量限制的 MTOW:MZFW＋Take-off Fuel,B 是受飞机结构重量限制或机场条件限制的 MTOW,C 是受最大落地重量限制的 MTOW:MLW＋Trip Fuel。

3. 解:

应取上海与深圳机场最大业载量的最小值 16 295kg。(上海分配完通程业载后剩余的 860kg,只可安排在从上海到深圳航段)

　　　　上海——深圳——三亚

最大业载 17 155　16 295

通程业载 16 295　16 295

　　　　　860

分配结果:上海——三亚 16 295kg,上海——深圳 860kg

第 5 章

1. 飞机沿机身纵轴的转动称为滚转。飞机沿机翼横轴的转动称为俯仰。飞机沿立轴的转动称为偏航。

2. 飞机的平衡是指所有作用在飞机上的力,包括升力、阻力、拉力及重力等之和等于零,各力绕飞机重心构成的诸力矩之和也等于零的飞行状态。

3. 飞机的俯仰平衡是指俯仰方向围绕飞机横轴,飞机的各俯仰力矩之和为零,飞机保持迎角不变状态。飞机的横侧平衡是指横侧方向围绕飞机纵轴,飞机的各滚转力矩之和为零,飞机保持坡度不变或坡度为零状态。飞机的方向平衡是指偏航方向围绕飞机立轴,飞机的各偏转力矩之和为零,飞机保持侧滑角不变或侧滑角为零状态。

4. 对飞机设计需要而言,必然应使飞机具有静态及动态稳定性。换句话说,飞机在阵风或操纵等扰动的作用下远离原来的平衡位置,如果飞行员不控制,也可以回到原来的平衡情况。静态稳定性是飞机在平衡条件被破坏后显示出来的初始趋势,动态稳定性是飞机的平衡被打破后显示出来的总体最终状态。

5. 纵向俯仰静稳定性,即俯仰方向平衡受扰,导致飞机迎角发生变化,若扰动消失,飞机具有自动恢复其原有俯仰状态的趋势,飞机即为俯仰静稳定。

6. 横侧静稳定性,即飞机横侧方向平衡受扰,导致飞机坡度发生变化,若扰动消失,飞机具有自动恢复其原有横侧平衡的趋势,飞机即为横侧静稳定。

7. 方向静稳定性,即飞机方向平衡受扰,导致飞机侧滑角发生变化,若扰动消失,飞机具有自动恢复其原有方向平衡的趋势,飞机即为方向静稳定。

8.

(1) 纵向俯仰动稳定性。俯仰阻尼力矩主要由平尾产生。一般飞机绕横轴转动时,机身、机翼等部分也产生阻尼力矩,但水平尾翼距重心较远,力臂较长,故其阻尼力矩最大。

(2) 横侧动稳定性。横侧阻尼力矩主要由机翼产生。飞机在受扰后的转动过程中,由于机翼存在附加上、下气流分量,使两翼迎角不等,从而导致两翼升力不等,这一阻尼力矩对飞机转动起阻碍作用。一般飞机绕纵轴转动时,机身、尾翼等部分也产生滚转阻尼力矩,但起主要作用的为机翼产生的滚转阻尼力矩。

（3）方向动稳定性。方向阻尼力矩主要由垂尾产生。飞机转动的过程中,垂尾处出现附加的侧向气流速度分量,导致垂尾出现侧力,侧力形成的力矩起到阻碍转动的作用,称方向阻尼力矩。一般飞机绕立轴转动时,机身、机翼等部分也产生阻尼力矩,但垂直尾翼距重心较远,故其阻尼力矩最大。

9. 飞机的横侧稳定性过强而方向稳定性过弱,易产生飘摆,又称荷兰滚。飞机受扰出现侧滑角、滚转角速度和偏转角速度。飞机会一边滚转,一边偏转,交替地变换侧滑的方向,形成飘摆运动,也叫荷兰滚。

第6章

1. 一种是用力臂或站位来表示重心位置。另一种是用重心在平均空气动力弦 MAC 上的投影到 MAC 前缘的距离占该 MAC 弦长的百分数来表示。

2. 解：

$$X = \frac{X_T}{b} \times 100\% = \frac{\frac{1}{4}b}{b} \times 100\% = 25\% \text{MAC}$$

3. $\frac{30-26}{15} \times 100\% = 27\% \text{MAC}$

4. 解：

$$0.2 \times 15 = 3$$
$$3 + 26 = 29 \text{(ft)}$$

5. 确定重心的力学原理是合力矩定理,一个力系的合力对任一点之矩等于各分力对同一点的力矩之和。

6. 解：$X = \frac{500 \times 200 + 150 \times 120 + 55 \times 80 + 200 \times 250}{500 + 150 + 55 + 200} = 190.5 \text{(cm)}$

7. 解：

$$-100/(1000-100) = X/(35-90)$$
$$X = 6.11$$

飞机的新重心站位为 $90 + 6.11 = 96.11$

8. 解：
$$100/(1000+100)=X/(35-90)$$
$$X=-5$$

飞机的新重心站位为 $90-5=85$。

9. 解：
$$30/1000=X/(150-20)$$
$$X=3.9$$

重心站位往后移动了 3.9。

10. 解：燃油消耗为 $60×1.1=66$
$$-66/(2000-66)=X/(85-90)$$
$$X=0.17$$

飞机的新重心站位为 $90+0.17=90.17$。

11. 重心前限主要考虑平飞静操纵性和机动特性，重心后限主要考虑飞机的静稳定性和操纵性要求。

12.
$$X=\frac{X_{\text{T}}}{b}×100\%=\frac{10}{25}×100\%=40\%\text{MAC}$$

13. $\dfrac{27-21}{24}×100\%=25\%\text{MAC}$

14. 解：
$$0.2×21=4.2$$
$$4.2+21=25.2(\text{ft})$$

15. 解：
$$X=\frac{3000×300+250×170+550×95+700×260}{3000+250+550+700}=261.5(\text{cm})$$

16. 解：
$$-150/(1500-150)=X/(50-100)$$
$$X=5.6$$

飞机的新重心站位为 $100+5.6=105.6$

17. 解：

$$100/(1000+100)=X/(100-90)$$

$$X=0.9$$

飞机的新重心站位为 $90+0.9=90.9$。

18. 解：

$$50/1000=X/(150-50)$$

$$X=5$$

飞机的新重心站位为 $90+5=95$。

19. 解：

$$50/1000=X/(50-150)$$

$$X=-5$$

飞机的新重心站位为 $90-5=85$

20. 解：燃油消耗为 $60\times1.5=90$

$$-90/(2000-90)=X/(85-100)$$

$$X=0.7$$

飞机的新重心站位为 $100+0.7=100.7$。

第7章

1. 通过计算最大业载的三个公式，求算本航班的最大允许业务载量。最大允许起飞重量是受最大无油重量、最大起飞重量、最大着陆重量限制的最大允许起飞重量，最大无油重量加上这次航班的起飞油量，得到一个数值，只要起飞重量不超过该值，那么消耗完该次航班的起飞油量后，飞机的无油重量就不会超过最大无油重量，这个重量就称为受最大无油重量限制的最大起飞重量，同理最大着陆重量加上航程油量得到受最大着陆重量限制的最大起飞重量。与最大起飞重量相比，三者当中最小的即为该次航班最大允许起飞重量。这三者中最小值减去营运重量就得到最大允许业载。

2. 受最大无油重量限制的最大起飞重量：$61\,000+11\,000=72\,000(\text{kg})$，

受最大着陆重量限制的最大起飞重量：$64\,500+5\,000=69\,500(\text{kg})$，

最大起飞重量：77 000kg，

取最小值 69 500kg 即为最大允许起飞重量。

3.

4.

5.

6.

7.

8.

第 8 章

1. 载重平衡工作处理的电报主要包括：载重报（LDM）、箱板控制报（UCM）、集装箱板布局报。

2. 载重报内容主要是参照载重表相关部分，包括最后一分钟修正项目。其用途是让航班沿线各站预先得知该航班实际旅客人数、实际业载以及各客舱装载情况。

3. 箱板控制报主要用来向航站、航空公司集装器控制部门通知集装器的使用情况，根据航班动态及时拍发。

4. 集装箱板布局报主要用来给航线各航站提供箱板分布信息和箱板利用的情况，是 LDM 的附加电报，在使用集装器的航班完成配载后，随 LDM 报一同拍发。

5. MVT 航班动态电报用于传递航班情况。包括但不限于：出发报文、到达报文、延误报文、返回报文、返航报文。

6. 航班动态电报（起飞报）

国航 935,9 日航班,B2443 执飞,北京首都机场出港

撤轮挡时间 13:20,起飞时间 13:30,预计 20:40 到达哥本哈根机场

旅客 285 人

起飞油量 126 000kg

起飞重量 3 542 000kg

特殊注意事项:无

7. 报文发送为航班结载后的重要工作环节,LDP 报文发送指令可以自动组织生成报文,并按使用者要求将报文发送到指定地址,发送报文准确、迅速,符合 IATA 标准。主要内容有:航空公司飞行航站信息显示和修改;LDP 报文发送指令和报文补充信息输入。

8. 航站信息显示和修改 LAID/LAIU 指令功能:显示和修改航空公司航站数据,主要包括航站是否可作为配载航段起始站,航站电报地址,舱单打印地址,航站跑道信息等。

第 9 章

1. 线性载荷限制、面积载荷限制、接触面载荷限制、点载荷限制、不对称载荷限制、联合载荷限制、累积载荷限制。

2. 集装器是指航空运输中所使用的集装化设备,包括集装板、集装箱和辅助器材(板网、系留带和锁扣等)

3. 常见的特种货物有:鲜活易腐物、活动物、贵重物品、危险品、超大超重货物、骨灰灵柩、外交信袋、停场待修飞机的航材、武器弹药等。

4. 充分考虑机型的重心特点。根据订座旅客人数,预估旅客因素对飞机重心的影响,以此安排货舱业载的分布。如旅客业载对飞机重心的影响不明显,对货舱业载分布无特殊要求,则尽量使货舱业载对飞机重心的影响也不明显。具体就是均衡安排前后货舱的业载,使之基本不影响飞机重心。在条件允许的情况下,安排货舱的业载分布要有一定的灵活度,当重心需要调整时,可以进行货舱业载的前后舱

调整。

5. $\dfrac{600}{1} = 600 (\text{kg/m})$

6. $\dfrac{150}{0.5 \times 0.5} = 600 (\text{kg/m}^2) < 700$，可以装载

7. $\dfrac{200}{0.5 \times 0.5} = 800 (\text{kg/m}^2) > 700$，不可以装载

第 10 章

1. 计算机离港控制系统(Departure Control System,简称 DCS),是中国航信引自美国 UNISYS 公司的航空公司旅客服务大型联机事务处理系统,分为旅客值机(CKI)、配载平衡(LDP)、航班数据控制(FDC)三大部分。

2. (1) 对于航空公司来说,可以实现计算机办理乘机手续、假票识别、代码共享、电子客票、开展机场旅客服务、联程和异地值机、ASR 座位提前预订、管理数字化、快速化、为效益分析系统提供原始数据源、提高飞行安全性,节省航油。

(2) 对于机场来说,可以提高航班正点率、减轻值机及配载人员的劳动强度、减轻统计人员的劳动强度、节省电报拍发费用、提高旅客服务水平、提高机场现代化管理水平,是机场信息系统的基础和数据源。

(3) 对于航空相关管理机构,可以实时得到各机场生产数据、节省大量用于统计的人力和物力。

3. 在办理值机前,离港系统需要向订座系统申请旅客名单报(RQL),订座系统收到 RQL 后向离港系统传送旅客名单报(PNL)和旅客名单增减报(ADL)。

4. (1) 建立计划航班信息；
(2) 每天准备值机航班；
(3) 柜台办理值机手续；
(4) CKI 关闭航班；
(5) 航班配载平衡；
(6) 航班最后关闭。

5. 综合考虑影响飞机平衡的各种因素,确定飞机业载分布,取得飞机起飞前必

需的重量、重心等数值,确定飞机重量、重心是否在规定范围内。

6. 计算机配载与传统手工配载方式均遵循以下基本流程:

(1) 确定航班使用飞机的操作空重和操作空重指数;

(2) 针对特定航班,对操作空重和操作空重指数进行必要调整;

(3) 根据航班飞行航线,确定实际加油量;

(4) 根据旅客、行李、货物等业载情况确定业载分布;

(5) 得到飞机起飞重心、零油重心、落地重心值,确定是否在制造商规定范围内;得到飞机起飞重量、零油重量、落地重量值,确定是否在制造商规定范围内;

(6) 对某些类型飞机,确定水平尾翼值;

(7) 做出舱单,交机长查验;

(8) 发送必要报文。

计算机配载和传统手工配载遵循相同的原理和操作流程,但有以下区别:

(1) 传统的手工配载方式工作程序复杂,环节较多,人为因素影响大;

(2) 计算机配载避免了手工误差,操作方便、高效,计算也更加准确;

(3) 由于客舱内同一区不同的旅客座位分布对重心的影响是不同的,同一货舱不同的箱板分布对重心的影响也不同,在手工配载图上并不能体现出上述变化。

7. LDP操作全过程主要包括建立航班、修改航班操作数据、加油、确定业载分布、关闭航班、打印舱单、发送报文、释放航班等步骤。

8.

LCFD/LCFU	建立配载航班
LODD/LODU	修改航班操作数据
LFFD/LFFU	加油指令
LPAD/LPAU	确定业载分布指令
LFSD/LFSU	关闭航班指令
LLSP	打印舱单指令
LLDM/LCPM/LUCM	发送报文指令

9. LDP中对特定航班以航班号和航班日期为标识,建立航班时需要指定航班所用飞机注册号、飞机布局。

10. LDP 可以体现标准加油方式和非标准加油方式对飞机重心的不同影响,可以最多体现四种不同密度的燃油对重心的影响。在配载平衡中油量数据对起飞重心的影响通常以加和指数变化对照表的形式体现。LDP 根据配载人员对特定航班输入的加油方式、油量密度、加油重量等参数,通过系统中该飞机已有的油量和指数变化对照表决定该航班油量数据对重心指数的影响。

11. 配载航班建立之后,可以随时查看航班状态,在结载时关闭航班,打印舱单。航班关闭包括以下步骤:关闭航班、打印舱单、打印装载单、释放航班。配载航班可有以下状态:航班开放、航班关闭、航班释放。

12. 航班操作数据主要指航班操作空重,操作空重指数,最大起飞重量,最大落地重量,机组调整等。主要针对情况为增减机组、增减各种补给品、有加座旅客、由于种种原因对最大起飞重量进行限制、由于种种原因对最大落地重量进行限制、打印舱单(LLSP)。